サピエンス日本上陸

3万年前の大航海

国立科学博物館 人類史研究グループ長
海部陽介

講談社

サピエンス日本上陸
3万年前の大航海

国立科学博物館
人類研究部 人類史研究グループ長
海部陽介

装丁　宮口瑚

はじめに　――クロマニョン人への嫉妬

マンモスが生きていた数万年前に、毛皮をまとって石の槍で動物を追い回し、洞窟に絵を描いていた原始人――私がクロマニョン人について、高校までに歴史の教科書などから得ていた知識はこんなものだった。しかし、大学で人類学を学び始めてから、それが大きな誤解であることを知る。

クロマニョン人は4万5000〜1万4500年前頃、氷期のヨーロッパに暮らしていた後期旧石器時代のホモ・サピエンスなのだが、彼らはただ毛皮を肩や腰に巻いていたのではなく、丁寧に裁縫され、ときにビーズなどをあしらった衣服を身につけていた。動物を狩るには、精巧な組み合わせ道具や、槍投げの威力を倍増させる補助具など、目を見張るような発明品を使っていた。そして、彼らの描いた壁画というのが、現代の美術家もうなる見事さなのだ。

これは誇張ではない。パブロ・ピカソがスペインのアルタミラ洞窟の天井壁画に感激したのは有名な話である。私自身も、かつて国立科学博物館で開催したフランスのラスコー洞窟の壁画展に日本画家の千住博さんを案内したとき、千住さんが最初から最後まで感嘆しつづけていたことをよく覚えている。

ヨーロッパには、そんなクロマニョン人の壁画洞窟が３００ほどもある。さらに彼らは、素晴らしい彫刻作品を大量に作り、たて笛などの楽器も持っていた。クロマニョン人の文化の中には、すでに美術や音楽と呼ぶべきものが存在していたのだ。

こうして知れば知るほど、まだ人類学の研究者になって間もない当時の私は、クロマニョン人と自分たち現代人の違いが、わからなくなっていった。それと同時に、大きな疑問が湧いてきた。

「なぜヨーロッパには、かくも古くから高度な芸術的表現があるのに、アジアにはないのだろう……」

日本の学校で扱う世界史の教科書には、クロマニョン人のことは書かれていても、同時期の日本列島やアジア大陸にいた人類の文化については、ほとんど何も書かれていない。さして印象的な発見がないということなのだろうか。つまり私たちアジア人は、「我々の祖先はヨーロッパのクロマニョン人より劣っていた」と認めなくてはならないのだろうか。

そんな疑問を抱いた私が、アジアの人類にもクロマニョン人にひけをとらない「人間らしさ」を示す何かがあるはずと探究しつづけた結果、たどり着いたのが「海への進出」というテーマだった。人類が本格的に海に出始めた古い証拠が、アジア大陸の東端に集中していることに気づいたのである。

それは芸術ではないが、芸術と同じように創造力を要し、さらに挑戦心がなくては達成できない、いかにも人間らしい行動といえるのではないだろうか。しかも、日本列島という自分の足元に、これまで見過ごされていた〝勇気ある挑戦〟の痕跡があることもわかってきた。

本書で描く「3万年前の航海 徹底再現プロジェクト」は、ここから生まれた。

じつは日本列島は、人類最古段階での海洋進出の舞台の一つだった。しかも、そこにある海のいくつかはかなりの難関で、目標の島が見えないほど遠く、強大な海流が行く手を阻んでいた。後期旧石器時代のホモ・サピエンス（本書では「祖先たち」と呼ぶことにする）は、それを3万年以上も前に越え、日本上陸を果たしたのである。いったいそれは、どのようにしてなされたのか。それは、どれほど難しい挑戦だったのか。そもそも祖先たちは、なぜ遠い島を目指したのか――考えるだけでは、実態はわからない。そこで私は、彼らが使ったと考えられる古代舟を推定し、自分たちで一から作るところから始めて、太古の航海をすべて再現する実験をしようと決意した。

私はこの実験に、二つの期待を抱いている。一つは、3万年前の航海を実体験することによって、「祖先たちの本当の姿」が見えてくるのではないかという期待だ。果たして彼らは、教科書で無視されてもしかたないような存在だったのか。それとも、新しい世界に立ち向かえるだけの創造力や挑戦心をそなえていたのか。おそらく再現航海は、この問いに対して何かを教えてくれるだろう。

もう一つは、この実験から「人間本来の力」が見えてくるのではないかという期待だ。テクノロジーに囲まれて暮らす現代の私たちは、ほとんどの問題を技術で解決することができる。しかし、祖先たちの技術は現代と比べればきわめて限られていた。それでも彼らは、海を越えた。つまりそれは、人間は技術に頼らずとも意外に大きなことを成せる、ということなのではないか。過去を知ることで、私たちは自分自身を再発見できるかもしれない。

この太古の航海は決して、選ばれし屈強な男たちが主役の冒険物語ではない。海を越えた祖先たちはそこで定住し、子孫をふやしたのだから、舟には間違いなく何人もの男と女が乗っていた。これは後期旧石器時代を生きた、ふつうの男女たちの物語なのである。

本書の1～2章では、この科学的実験プロジェクトが立ち上がった経緯と、いくつかの重要な前提について話す。早く冒険を読みたいという読者は、この部分は読み飛ばすか、後から読んで頂いても構わない。

3～5章は、日本と台湾の各地でおこなった3つの古代舟の実験の記録で、そこで私たちが経験したさまざまな発見と感動を伝えたい。

そして6〜7章は、難関の海を渡る実験航海のレポートであり、本書のハイライトだ。

最後に8章では、実験の成果を総括するとともに、これまで封印してきた3万年前の最大の謎について、私なりの答えを出したい。

では、知られざる「私たちのはじまりの物語」の世界へ、入ることにしよう。

サピエンス日本上陸　3万年前の大航海　目次

はじめに　——クロマニョン人への嫉妬……3

第1章　プロジェクトの誕生……13

冒頭で登場したクロマニョン人とアジア人の関係を理解すると、両者の違いが表面的であることに気づく。その認識で遺跡証拠を見直してたどり着いたのが、最初の日本列島人が海を越えたという新たな事実。そこから生まれた、実験航海の構想について話したい。

台湾から与那国島を目指す実験航海の前に、いくつか解いておくべき謎がある。まず手元にある情報を整理して、3万年前の世界と琉球の海についてイメージを固めたい。それから未解決の重要課題を洗い出して、私たちがおこなう実験のプランを立てよう。

3万年前の航海舟の第一の候補は、人類最古段階の舟の一つとされる、草を束ねた舟。与那国島での製作実験に参加した誰もが、その勇姿と浮力と安定感に驚き、魅了された。ではこの舟を漕いで海を渡れるか——それはやってみなければわからない。

次に検証すべきは、多くの研究者が人類最古の航海舟ではないかと推察してきた、竹の筏舟《いかだぶね》。その台湾での製作体験は、驚きの連続だった。私たちは完成した竹筏舟を、台湾の東側海域を流れる黒潮の上でテストする。そこでこの巨大海流のパワーを思い知らされる。

フランスにあるラスコー洞窟の「牡牛の広間」に描かれた約2万年前の壁画
〈© N. Aujoulat /CNP / MC〉

第1章 プロジェクトの誕生

冒頭で登場したクロマニョン人とアジア人の関係を理解すると、両者の違いが表面的であることに気づく。その認識で遺跡証拠を見直してたどり着いたのが、最初の日本列島人が海を越えたという新たな事実。そこから生まれた、実験航海の構想について話したい。

クロマニョン人の素顔

クロマニョン人の芸術世界がどのようなものであるか、それを知るにはフランス南西部のヴェゼール渓谷へ行くことをお薦めしたい。そこは美しい田園風景の中に中世の城が点在し、トリュフやフォアグラの産地としても名高い観光地だが、ぜひ見て欲しいのは、ユネスコの世界遺産に指定されている「147の先史遺跡と25の装飾された洞窟群」だ。

これらの遺跡は、この土地にかつて二つの異なる人類が暮らしていたことを教えてくれる。一方はネアンデルタール人と呼ばれ、土地の先住者。他方はクロマニョン人で、ネアンデルタール人が姿を消した後、どこからかここへやってきた。

両者について簡単に説明すると、ネアンデルタール人は、「およそ30万～4万年前のヨーロッパなどにいた旧人」、クロマニョン人は「およそ4万5000～1万4500年前の後期旧石器時代に、ヨーロッパに暮らしていたホモ・サピエンス（新人）」となる。クロマニヨン人は私たち現代人と同種の人類で、ネアンデルタール人はその一段階前の、やや原始的な人類だった。

どちらも野生の動物や植物を狩猟採集し、洞窟などを利用して暮らしていたが、両者の技術と文化には大きな違いがあった。渓谷の「装飾された洞窟」、つまり動物の色彩画や線刻や浮き彫りが施された25の洞窟は、どれもネアンデルタール人ではなく、クロマニヨン人の所産だ。そしてこれらの壁画が、よくある稚拙な〝原始人の絵〟というイメージからはほど遠く、じつに圧巻なのである。

壁画が描かれた当時は氷期で、今よりも寒く、森林が乏しく、草原が広がっていた。そんな環境下でクロマニヨン人が好んで絵の対象にしたのは、マンモス、ケサイ、バイソン、ウシ（オーロックス）、シカ、ヤギ、ウマ、ライオン（当時そこに棲息していたホラアナライオン）などの大型動物。中にはマンモスばかりを描いた洞窟があり（ルフィニャック洞窟）、大きなウマの浮き彫りが施された岩壁もある（カップ・ブラン岩陰）。そしてクロマニヨン美術の代名詞たるラスコー洞窟があるのも、ここだ。

ラスコー洞窟は歴史教科書でもしばしば写真つきで紹介されるが、その真の魅力は、特定の絵よりも、全部で7つある地底の壁画空間の総体にある。全長２００メートルほどのこの洞窟に入り、最初の「牡牛の広間」と呼ばれる空間で暗闇に灯りをともすと、来訪者は赤、黒、茶色、黄色で描かれた巨大な牡ウシ（最大の個体で長さ5メートル）、疾走するウマの群れ、小さなシカの群れなどに圧倒される（本章扉写真）。そこから左奥へ伸びる「軸状ギャラリー」は先史時代のシスティーナ礼拝堂（註1）とも称され、両側面と天井が躍動的で色彩豊かな動物画で埋められている（図1-1上）。そして5メートルのたて穴を下りた洞窟のもっとも深い地点には、この洞窟でもっとも謎めいた「井戸状の空間」があり、その壁面には黒い線だけで、傷ついて腸が飛び出たバイソン、その前で倒れているトリの頭を持ち勃起した人間、そしてその場を静かに去り行くケサイの絵が残されていた（図1-1下）。そのほか「ネコ科の部屋」など合計7つの空間に、全体で600〜850頭もの動物と多数の不思議な記号が描かれているのが、ラスコー洞窟だ（註2）。

興味深いのは絵の質やモチーフだけでなく、彼らがそれを地下の洞窟の中に配置したという事実だろう。当たり前だが洞窟内は暗闇の世界であり、そこはハイエナがねぐらにし、クマが冬眠の場とすることはあっても、本来、霊長類が入る場所ではない。クロマニョン人はそこに、窪みのある石に動物の脂などを入れて火を灯した「ランプ」を持って、入り込んだ。

ラスコー洞窟の壁画には、赤（赤鉄鉱）や黒（マンガン鉱）などの顔料が使われたが、それらの産地は洞窟から20〜40キロメートルも離れた場所にある。一部の絵は、洞窟内の人の手が届かぬ天井付近に描かれているが、そのために、やぐらのような足場を組んで作業した痕跡も残されていた。最奥部の「ネコ科の部屋」へは、その手前の狭い通路を這いつくばって入ることになるが、彼らはそこも通過して進入し、壁面にライオンらしき図像を6〜8頭描いた。

つまりクロマニョン人は並々ならぬ労力を割《さ》いて、地底にある暗い自然の空洞を、躍動的な別

図1-1　ラスコー洞窟の壁画

(上)「牡牛の広間」の奥に続く「軸状ギャラリー」の入り口。(下)「井戸状の空間」に描かれた謎めいた絵〈© N. Aujoulat /CNP / MC〉

世界に変えてしまったのだ。それが誰のための何の表現であり、彼らがこれをどう使ったのかは、当の本人たちがいない今では永遠の謎となってしまった。しかしラスコー洞窟が〝原始人の気楽なお絵かきの場〟ではなかったことは、それを体感すれば即座にわかるだろう。

クロマニヨン人の芸術的才能の豊かさと、彼らの精神世界の奥深さを感じられるのは、壁画だけではない。渓谷沿いに点在するクロマニヨン人の遺跡からは、工夫の凝らされた石器や複雑な狩猟具のほか、骨・角・象牙《ぞうげ》・歯・貝殻など多彩な素材を使った見事な彫刻や装飾品、裁縫用の縫い針などが大量に出てきており、その製作技術やデザイン力に心底驚かされる。

ここに限らずヨーロッパ各地を回れば、ほぼどこでもクロマニヨン人の高度な芸術的文化を目《ま》の当たりにする。彼らの手で装飾された洞窟はフランスとスペインを中心に300以上も知られていて、もう一つの世界遺産であるスペインのアルタミラ洞窟以外にも、心打たれる現場が多数あるのだ。彫刻や装飾品、縫い針なども数え切れないほど見つかっており、ドイツからは世界最古の彫刻と楽器（4万年前）が、チェコからは世界最古の焼土製の人形（2万8000年前）が発見されている。

そこには漫画『ギャートルズ』に出てくるような牧歌的原始人のイメージ、あるいは人気ロックバンドのザ・クロマニヨンズが採用するサルのイメージキャラクターとはまったく異質な、デザインセンスに優れ、お洒落で豊かな精神を持つ人間の姿が見える。

「同じ時期のアジアにもホモ・サピエンスがいたのに、なぜそちらには、爆発的な芸術的活動の痕跡がないのだろう」――冒頭で述べたクロマニョン人に対する私の嫉妬心は、ヨーロッパでこうしたものを幾度も見せつけられて生まれた。
最近まで、アジアからは古い壁画は知られていなかった。ヨーロッパからの文化的影響があるとも言われていたシベリアを除けば、彫像の出土例はほぼ皆無である。装飾品としてのビーズはないわけではないが、出土例は片手に収まる程度で、それが数え切れないほどあるヨーロッパと雲泥の差があった。どうもアジアには、芸術の心の痕跡のようなものが見つからない。それはどういうことなのだろう。

註1）バチカン宮殿にあるルネサンスの装飾絵画作品で世界的に有名な礼拝堂。
註2）実物のラスコー洞窟は、現在保全のために閉鎖されているが、現地では忠実に復元したレプリカ洞窟を楽しむことができる。

疑問を解くヒント　――人類は「遠い兄弟姉妹どうし」である

この謎を解くには、「ホモ・サピエンスのアフリカ起源説」を理解しておく必要がある。これは地球上のすべての現代人の起源と成りたちを説明する重要な理論で、簡単に言えば「ホモ・サピエンスは、アフリカで30万〜10万年前に出現し、その後、世界へ大拡散した」というものだ。

こういうと単純な話に聞こえるかもしれないが、内実はそうではない。

ホモ・サピエンスの世界拡散に伴い、2つの大異変が起こった。一つは、「人類の多様性が失われた」ということである。すなわち、それまでユーラシア各地には、ジャワ原人、フローレス原人、ルソン原人、ネアンデルタール人など多様な原人や旧人の集団がいて、なかなか賑やかだったのだが、ホモ・サピエンス（＝新人）の出現とともに、地球上の人類は我々のみとなった。過去の人類史においては、異なる地域に異なる種の人類がいる状態のほうがふつうだったのが、そうではない世界が生まれたわけだ。

もう一つの異変は、「人類の分布域が劇的に広がった」ということである。原人や旧人たちは、アフリカとユーラシア大陸の中〜低緯度地域に分布していたが、ホモ・サピエンスはそれを大幅に越えて寒冷地や海洋島にも進出し、やがて全世界に暮らすようになった（図1-2）。

つまりアフリカで進化した我々ホモ・サピエンスは、多様性と分布範囲において、それまでの

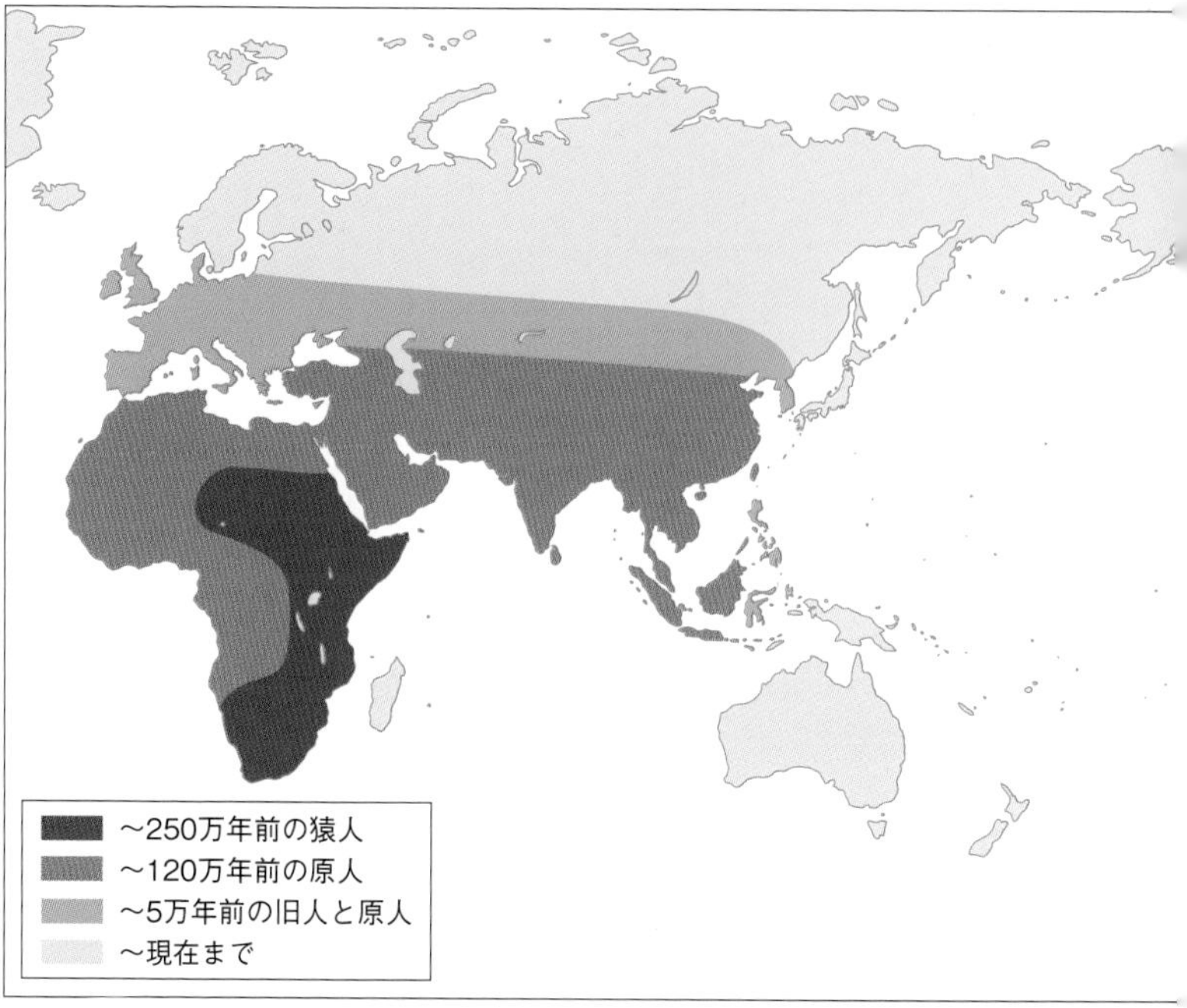

図1-2　人類の分布域の広がり

5万年前以降に全世界に広がったのは、ホモ・サピエンス（新人）だった

人類の歴史を大きく変えてしまったのだ。

このように我々ホモ・サピエンスの基本的なルーツがアフリカにあることは、遺伝学、化石形態学、考古学などあらゆる方面から裏付けられている（註3）。

さて、ここからが本書で大事なポイントになる。ホモ・サピエンスのアフリカ起源説に従えば、ヨーロッパのクロマニョン人はアフリカからやってきた移民だ。つまりヴェゼール渓谷でネアンデルタール人と入れ替わって、洞窟に壁画を描いたのは、アフリカからやってきた移住者たちだったのだ。そして同じ頃に、アジアやオーストラリア大陸へと移住していった、別のホモ・サピエンスの集団がいた。その子孫たちはさらに移住を続け、やがてアメリカ大陸や太平洋の島々にまで、広がっていった（図1–3）。

つまり現代の世界各地に暮らす人類集団は、おそらく十数万年前以降にアフリカで分化し始め、5万年前頃から急速に世界各地へ散らばっていった遠い兄弟姉妹どうしなのだ。そしてこのことは、「世界中の現代人が共有している能力は、アフリカにいた旧石器時代の共通祖先に由来する」という、重要な仮説を導く。アフリカから大拡散した祖先たちは、全世界の現代人が共有する「人間らしさ」の諸要素を、すでに備えていたと予測されるのだ。もしそうでないなら、同じ能力が各地で短期に独立並行的に進化したことになるわけだが、生物進化の原理に照らすと、そういうことはまず起こらない（註4）。

ここで話を芸術に戻そう。芸術は現代の人類社会に普遍的なものだから、それを生み出す基盤的能力は、アフリカにいた共通祖先が備えていたはずだ。この予測を後押しするように、21世紀に入ってから、アフリカで世界最古の赤色顔料の使用、紋様、装飾品（ビーズ）などの証拠が相次いで報告されるようになった。

だんだん、からくりがわかってきた。アフリカから世界へ広がったホモ・サピエンスの集団は、それぞれ芸術を生む能力を備えていたが、それは各地へ散った集団が同じ時期に同じ芸術行為をすることを意味しない。むしろこの能力の発現は地域や歴史の条件に左右されるもので、だからこそ世界各地に多様な芸術のスタイルが生まれた。アジアでは後期旧石器時代の芸術的活動は低調に見えるが、皆無ではない。そして時代が下れば、中国の青銅器や日本の縄文土器のように、各地に独特で印象的な芸術的造形が現れる。だからクロマニョン人と同時期のアジアに、ヨーロッパのような壮大な壁画や彫刻の証拠がないことを悲観することはない（註5）。そう理解すると、それまで地域間で芸術の発現を競い合おうとしていた自分の姿勢が、滑稽《こっけい》に思えてきた。

そもそも芸術だけが人間らしさではないのだから、もっと視野を広げて「人間らしさとは何か」という大きな問いに迫る研究はできないものかと、私は考え始めた。そのためにアジアは格好のフィールドに思える。広大で自然環境も多様なアジアに現れたホモ・サピエンスが、この地で原人や旧人と異なるどんな新奇的行動を見せたのか。それを示せれば、私たちホモ・サピエンスがどのような人類なのかが浮き彫りになるだろう。

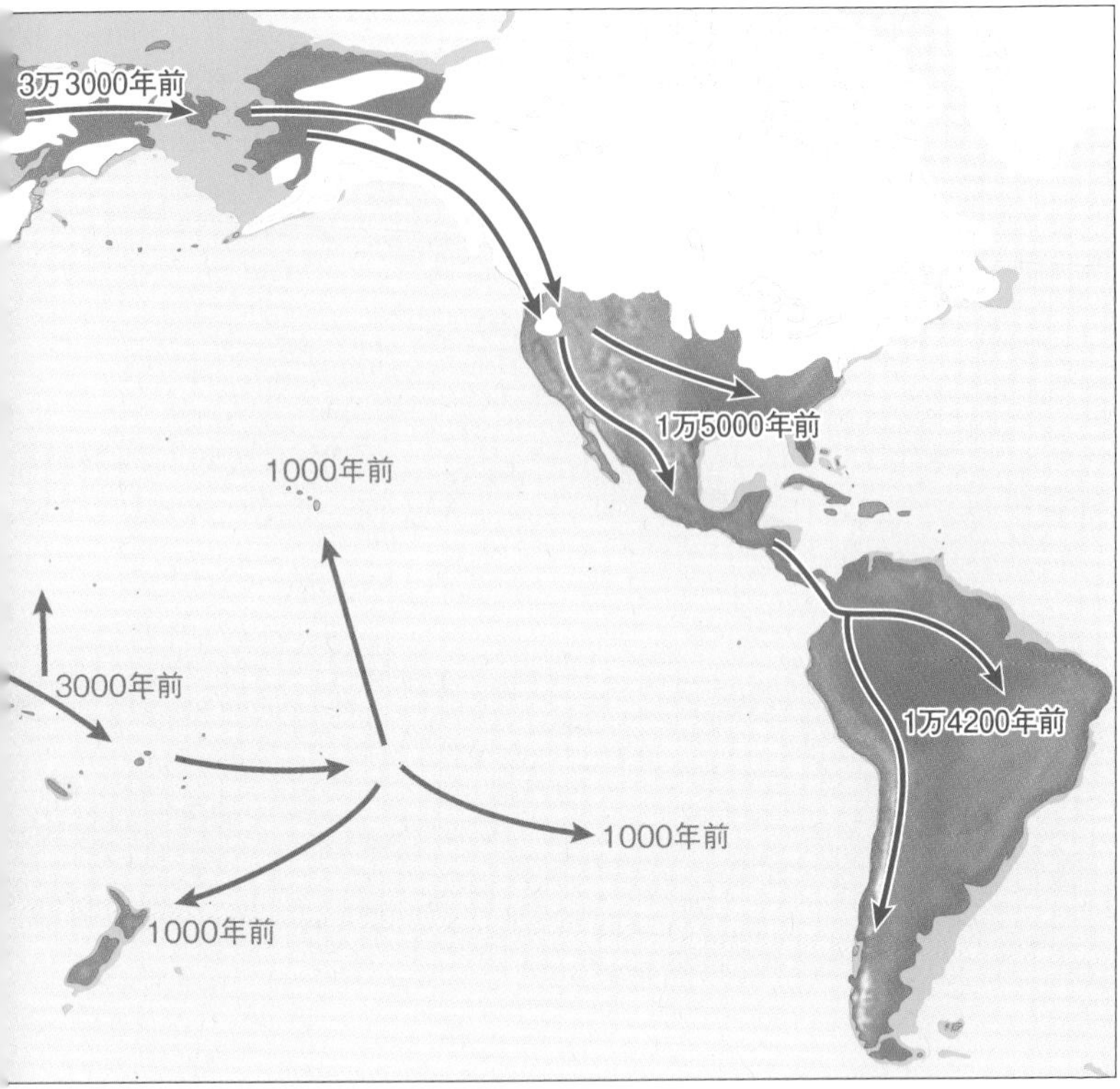
3万3000年前
1万5000年前
1000年前
3000年前
1万4200年前
1000年前
1000年前

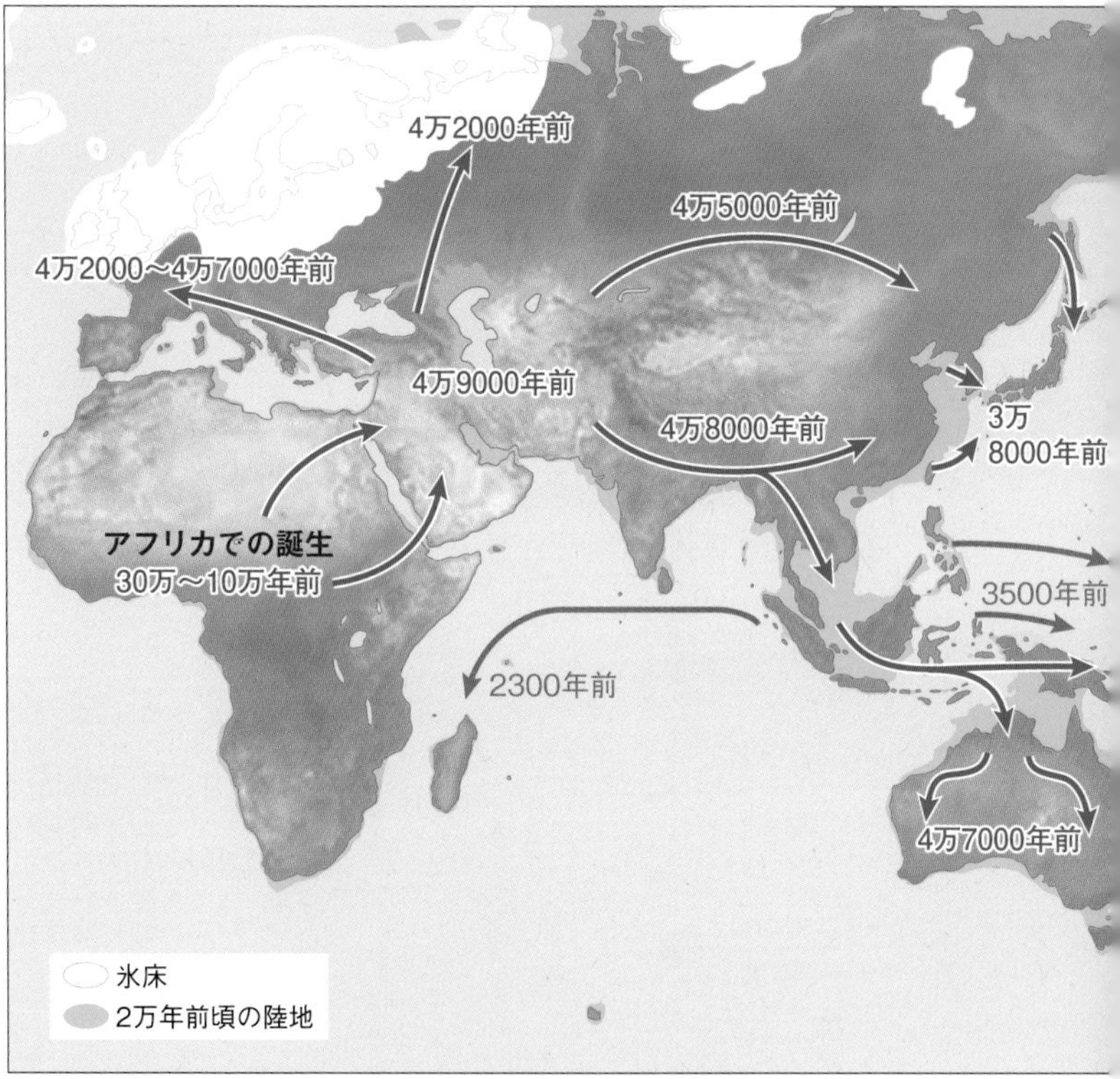

図1-3　推定されるホモ・サピエンスの世界拡散の年代とルート

信頼できる遺跡証拠に基づいて筆者が描いたもの。アフリカで誕生したホモ・サピエンスは、5万年前以降に急速に、南極以外のすべての大陸および太平洋やインド洋などの島々へ広がっていった。背景地図には、氷期で海面が下がったために拡大していた2万年前頃の陸域も示してある

私は論文を読みあさり、海外の関連する国際シンポジウムに出席し、自身も上野の国立科学博物館で国際シンポジウムを主催するなどして、国内外の情報を集めた。そうしてわかってきた事項の中で、探るべきことはこれだと確信したのが、本書で語る「人類の海への挑戦」である。

人類は大陸で生まれ育ったが、あるときなぜか、次々と海の向こうの島へ渡り始める。その最古段階の5万〜3万年前にさかのぼる証拠が、インドネシアから日本列島に至る地域に集中していることがわかってきた。とくに日本列島においては、世界最大規模の海流が行く手を阻み、遠く水平線の下に隠れて見えない島を目指すという、かなり難易度の高い海を越えているようだ。

彼らはどうやってそれを達成したのか、そもそもなぜそれほどの困難に挑戦したのか、大きな謎だ。アジアに広がった祖先たちの実像を知るには、格好のテーマだろう。そう思い至ると同時に、「自分の足元にこれほど面白いテーマが転がっていたことに、なぜ今まで気づかなかったのか」と、不思議な気持ちに襲われた。

ではここから、「最初の日本列島人は海を越えてきた（註6）」という興味深い事実と、彼らが列島に進入してきたルートについて、考えていきたい。そして私たちがなぜ、台湾から与那国島《よなぐにじま》を目指す実験航海をやることになったのか、その理由を述べたい（註7）。

註3）ただし最近では、ドイツなどの主導で化石人骨からDNAを抽出して解析する技術が向上

し、ネアンデルタール人とホモ・サピエンスが若干の混血をしていたことや、他の古代型人類のDNAも、一部の現代人集団に受け継がれていることがわかってきた。つまりユーラシアにいた古代型人類は、何も残さず完全に絶滅したわけではない。

註4）生物における新しい形質の進化は、ある個体において突然変異した遺伝子がその後の繁殖過程で集団内に広く共有されることによって生じる。複数集団が短期で同じ進化を遂げるには、同じ突然変異が同時多発的に生じる必要があるが、それは確率的に難しい。

註5）壁画については2014年以降に、インドネシアのスラウェシ島やボルネオ島にある壁画の一部が、ヨーロッパと同等の4万年前にさかのぼると報告されるようになった。モンゴルにある壁画の一部も、マンモスやケサイなどの絶滅動物が描かれているようで、旧石器時代のものと考えられている。

註6）日本国が成立する前の出来事なので彼らを「日本列島人」と呼ぶことにする。

註7）ホモ・サピエンスの集団がアジア各地を経由して日本列島へ到達した背景について、より詳しくは前著『日本人はどこから来たのか？』（文藝春秋）に記している。

ホモ・サピエンスはいつ日本列島へやって来たか

「最初の日本列島人は、大陸から動物を追いかけながら、当時存在した陸の橋を歩いて渡ってきた」というお決まりのイメージがある。私は、ホモ・サピエンスのアジア拡散について調査を開始して間もなく、この記述に違和感を抱くようになった。

日本列島にはじめてホモ・サピエンスが現れたころ、確かに海面が下がっていて今よりも陸地が広がっていたのだが、それでもこの列島が大陸とつながっていた証拠は、どこにも示されていない。そこで私は、人類学、海洋学、動物地理学などの最新知見を総動員して、最初の日本列島人が現れた年代と、その頃の列島の地形について、証拠を洗ってみることにした。

アフリカを出たホモ・サピエンスの集団が、アジア各地へ広がったタイミングについては、専門家の間で論争が続いている。まず、拡散は2段階で、アジア南部からオーストラリアへ至る10万〜6万年前頃の第一波の後に、5万年前以降にアジア全体へ広がった第二波が続いたという説がある。これと対立する仮説として、移住の波は1つで、5万年前以降に爆発的に広がったとする説がある。私の考えでは前者の根拠は薄いが、そちらを支持している研究者も依然多い。

アジア拡散についてこのように議論が割れるのは、5万年前より古いとされる遺跡の真偽性について、研究者の評価が分かれているからだ。一方でこの論争とは無関係に、ホモ・サピエンスが日本列島へやってきたタイミングについては、日本考古学のこれまでの調査活動のおかげで、はるかに確実性の高い議論ができる。ホモ・サピエンスが日本列島に現れたのは3万8000年前頃で、それは縄文時代に先立つ後期旧石器時代と呼ばれる時代のことであった。ややくどくなるが、これには次のような根拠がある。

①3万8000年前以降に、日本列島各地で遺跡数が急増した

日本旧石器学会の2010年の集計によれば、1946〜1949年の岩宿遺跡（群馬県）の

発見以来、これまでに日本列島各地から報告された後期旧石器時代の遺跡数は、列島全体で1万150もある。この莫大な数字自体も驚きなのだが、さらに興味深いことに、この1万以上の遺跡の年代は、すべて3万8000年前以降に集中している。

列島にこれより古い遺跡があるのかどうか、現時点で結論は出ていない。そういう遺跡がいくつかあると主張する研究者もいるが、現在の学界では、否定的な見方が大勢だ(註8)。つまり3万8000年前以前は、列島は無人であった可能性が高く、仮に人類がいたとしてもその人口は希薄だったのだろう。だから3万8000年前の遺跡数の激変は、誰かが日本列島にやってきたことを示しているに違いない。

ところで、すでに私たちは、アフリカから発したホモ・サピエンスの大移動の波が、5万年前以降にアジアに押し寄せていることを知っている。そうすると、日本列島に押し寄せたのも、その一波であった可能性が高くなる。そうとなれば、次にすべきはこのシナリオを証明することだ。

やってきた人類がホモ・サピエンスであったことを直接示すには、渡来者たちの人骨を発見してそれを研究すればよい。しかし現時点でそうした人骨が発掘されているのは、骨の保存に好適な石灰岩地帯が広がる沖縄地方だけで(註9)、日本列島の他の地域については、別の間接的な手立てで裏づけを得なくてはならない。そこで、次に述べるいくつかの補足が必要となる。

②列島の後期旧石器遺跡から見つかった少数の人骨は、すべてホモ・サピエンスである

沖縄地方で発見されている3万6500〜1万年前の多数の人骨化石は、形態的にホモ・サピエンスであり（詳しくは第2章を参照）、本土で唯一の発見例である静岡県浜北遺跡の約1万7000年前の断片的頭骨化石も、そうであると確認できる。

③列島の後期旧石器遺跡の遺物内容には、ホモ・サピエンスらしさが見てとれる

石器の種類と作り方、石器石材の遠隔地からの運搬、キャンプの作り方、わな猟の証拠、後述する渡海の証拠など、多くの側面において、ユーラシア大陸の他地域にみられるホモ・サピエンスの文化と共通点が認められる。

④後期旧石器時代から縄文時代に至るまで、考古学的に断絶の証拠はない

列島の後期旧石器文化は縄文文化まで連続するように見え、縄文人は人骨やそのDNAからホモ・サピエンスであることがわかっているので、後期旧石器時代人もホモ・サピエンスと考えて矛盾ない。

⑤縄文人のゲノム（DNA）は、その祖先が数万年前から日本列島にいたことを示唆する

これは少なくとも一部の縄文人が、列島の後期旧石器時代人を祖先とすることを間接的に示しており、④の知見を裏付けている。

化石人骨という直接の証拠がないためどうしても話がまわりくどくなるが、以上から、3万8000年前の渡来民はホモ・サピエンスであったと言える。

註8）ここで、2000年の毎日新聞のスクープで発覚した「旧石器捏造事件」について、話しておくべきだろう。この事件では、東北地方を中心に旧石器遺跡の発掘に関わっていた愛好家が、列島に前期・中期旧石器文化が存在したと大々的に発表していたのが、自作自演と発覚した。70万〜4万年前頃の古い地層中に後の時代の石器を埋めては〝発掘〟することを25年も繰り返していたのだ。ここで捏造された〝前期・中期〟旧石器遺跡は、本書の焦点である後期旧石器遺跡の信憑性とはまったく関係がないことを、断っておく。

註9）沖縄島、宮古島、石垣島から2万年前より古い人骨化石が多数見つかっており（第2章参照）、沖縄県久米島でも1万5000年前頃の断片的な人骨化石が発見されている。

海を越えた最初の日本列島人

列島にホモ・サピエンスが出現した時期は、約13万年前から1万年前まで続いた最終氷期の終わり頃に当たる。ここでは当時の地形を復元し、大陸と列島をつなぐ陸橋というものが本当に存在したのかどうかを検証しよう。

ニュースで頻繁に報じられていることだが、現在は地球温暖化に伴って極地の巨大な氷（氷《ひょう》床《しょう》や氷河）が溶け出し、その結果、海水の量が増え、世界各地で海面上昇の被害が生じている。これと同じ原理なのだが、気候が寒冷化すると逆のことが起こって、冬に極地の氷が成長して巨大化し、その水が夏になっても溶けずに海に戻ってこないため、海面が低下する。この影響は甚大で、最終氷期《さいしゅうひょうき》の中でもっとも寒く、熱帯域の海水温が3～5度低かった約2万年前には、現在のカナダやスカンジナビア半島がすべて分厚い氷で覆われるほどとなり、全球規模で海面は現在より125～130メートルも下がった。

日本列島へホモ・サピエンスが渡ってきた3万8000～3万5000年前頃は、2万年前ほど寒い時期ではなかったが、それでも海面は現在よりおよそ80メートル下にあった。図1-4は、その様子を示している。明るい緑色の部分が陸化していた地域だが、これを北から見ていこう。

まず、北海道はサハリンを介して大陸の一部となっていた。専門家はこれを「古北海道半島」（正式には「古サハリン-北海道-クリル半島」）と呼んでいる。しかしその南で本州を望む津軽海峡は、当時も海だった。この様子は、マンモスの分布と整合する。ケナガマンモスは、氷期のシベリアを象徴する大型哺乳動物で、その化石が北海道で見つかっているのだが、本州では見つかっていない。つまりマンモスは陸橋を伝って北海道へ南下したが、そこで海に行く手を阻まれたようだ。

次に本州以南をみると、瀬戸内海が陸化していて本州・四国・九州が合体していたことがわか

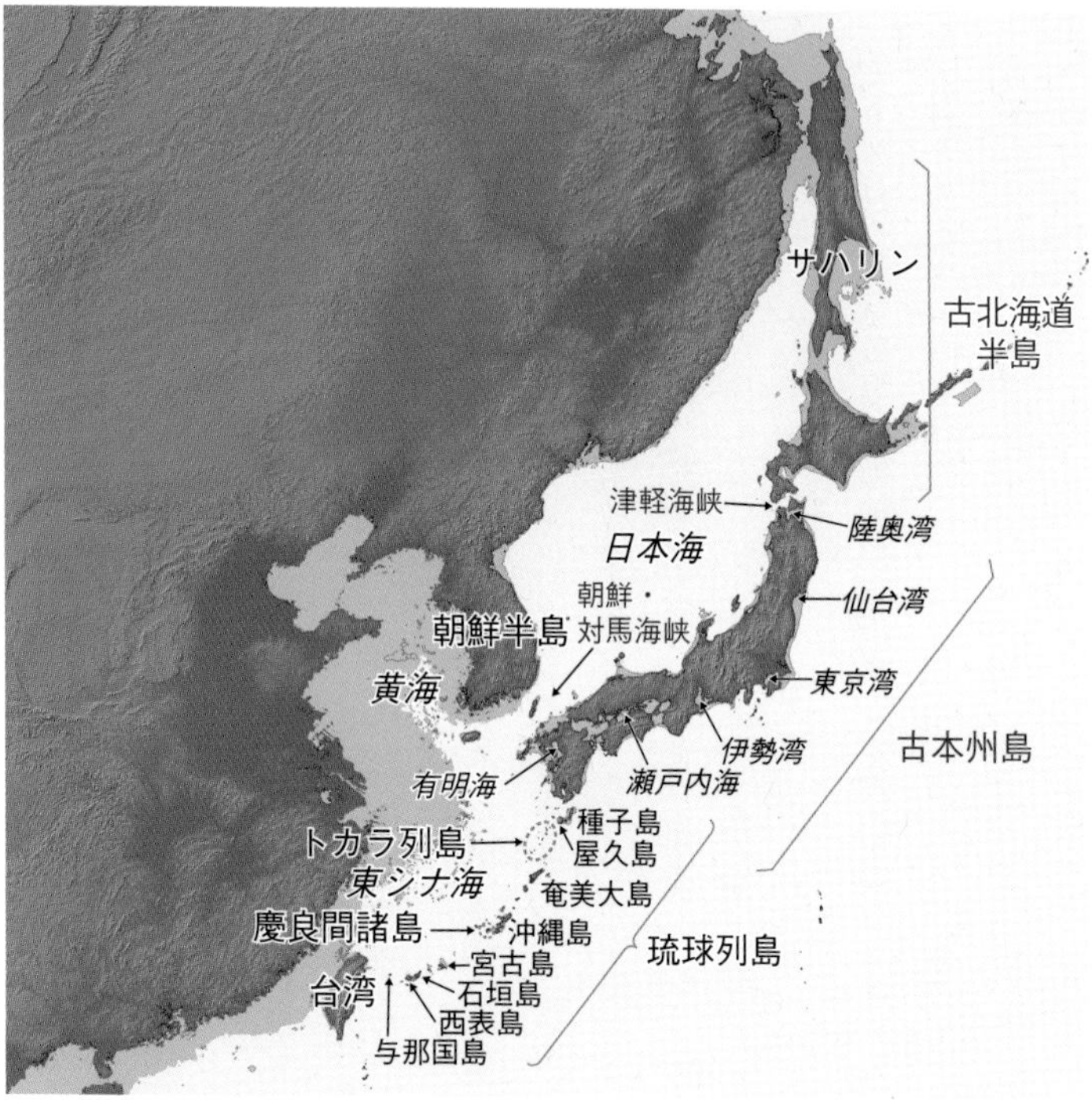

図1-4　4万～3万年前頃の東アジア

日本列島にはじめてホモ・サピエンスが渡ってきた頃の地形を示している。現在よりも海面が80メートルほど低かったため、陸化している部分が多い（明るい緑色の部分）。北海道を除く日本列島へ渡るには、海を越える必要があった〈GeoMapAppで作図〉

る。専門家はこれを「古本州島」と呼ぶが、よく見ると陸奥湾、仙台湾、東京湾、伊勢湾、有明海なども干上がり、陸が拡大している。瀬戸内海の海底からは、漁師の網にかかってしばしばナウマンゾウの化石が引き上げられ、東京湾などの海底にも渓谷が水没していることが知られるが、これらは陸化していた当時の名残《なごり》だ。

大陸側を見てみると、朝鮮半島と中国沿岸部に挟まれた黄海と、東シナ海の広大な領域が陸化し、その影響で現在の台湾も大陸の一部となっていた。台湾海峡の水深は60メートルほどなので、こうした劇的な変化が起こる。

しかし大陸と九州はつながらない。朝鮮・対馬海峡の水深は140メートルほどで、2万年前の最寒冷期には狭い水道程度に縮小して日本海を孤立状態に追い込んでいたが、日本列島にホモ・サピエンスが登場した4万~3万年前は、立派な海峡だった。

同様に琉球列島（南西諸島）の島々の間にも広い海が広がっており、ここに大陸から連なる陸橋は存在しなかった。このことは、最新の地質学、海洋学、生物地理学、古生物学など、どの方面からも支持される。

たとえば、琉球列島の海峡の大部分は水深が200メートル以上と深く、トカラと慶良間《けらま》の海域には水深約1000メートルに及ぶ地点もある。かつてここが陸であったのなら、数万年前から現在にかけて、琉球列島全体が劇的に沈降して水没したことになるが、どの島を調べても、どの海峡を調べても、その証拠は出てこない。地質学の調査からわかっていることは逆で、最終氷期以降、琉球列島は隆起している。過去3万年間での主な島々の隆起量を調べるのは難しいが、あえて推定すると、3〜18メートルほどと見積もられる。

陸橋がなかったことを示すもっともわかりやすい証拠は、動物であろう。九州にも台湾にも、サル、シカ、クマなどがいるが、これらの東アジアにふつうにみられる動物が、沖縄の島々にはいない。ではそこに何がいるかと言えば、アマミノクロウサギ、ヤンバルクイナ、イリオモテヤマネコなど、島に固有の種ばかりだ。そのほかネズミからサワガニに至るまで、これらの島の動物が独特であるのは、長期間、孤立していたからにほかならない。

ただし屋久島は例外だ。この島にはサルがいてシカがいるが、その理由は地形をみればすぐにわかる。屋久島・種子島と九州の間に横たわる大隅《おおすみ》海峡の水深は110メートルほどだ。最終氷期の最寒冷期に海面が125〜130メートル下がれば、この2島は九州と接続する。面白いことに屋久島では、サルとシカに限らず、ネズミからモグラまですべての哺乳動物が、九州本土のものと同じ種だ（違いは亜種のレベル）。つまり近い過去につながったところには、動物が渡っている。そうでないところには、渡っていない。

証拠はまだほかにもあるが、ここで明らかなのは、古本州島と琉球列島にホモ・サピエンスが現れたとき、そこは大陸から離れた島だったということだ。だから先の「最初の日本列島人は、大陸から動物を追いかけながら、当時存在した陸の橋を歩いて渡ってきた」というイメージは、2つの点で間違っている。まず、対馬ルートと沖縄ルートをたどってきた祖先たちは、陸の橋ではなく、海を越えて列島にやってきた。そしてそれは、動物を追った結果ではなかった。海を越えたのだから、動物を追いかけて知らぬ間に来ていたというような話ではないのだ。

彼らがやってきた3つのルート

次に知りたいのは、ホモ・サピエンスが列島へ入ってきた渡来ルートだ（図1-5）。

3万8000〜3万7000年前頃の日本最古の遺跡は、本州と九州から発見されている（註10）。琉球列島では3万6500〜3万5000年前頃が現時点での最古で（註11）、北海道最古の遺跡は約3万年前だ（註12）。そうなると日本列島へ最初にホモ・サピエンスが渡ってきたのは、朝鮮半島から対馬を経由して、九州へ至る「対馬ルート」だったことになる。

これはある意味自然だろう。今でも朝鮮半島から対馬が見え、対馬から九州が見えるが、後期旧石器時代にはその距離はさらに近かった。朝鮮・対馬海峡は、その後の日本列島の歴史においても、常に大陸との一番太いパイプで、縄文時代にもこの海峡を人々が往来した痕跡がある。弥生時代初頭には大陸から再び大規模な集団移入があって、これがその後の日本人の形成に大きな影響を与えたことは、遺伝学など複数の証拠から明らかにされている。3万8000年前以降に日本列島へ渡ってきた旧石器人も、その大多数は対馬ルートでやってきたと思われる。

次に古いのは琉球列島であるが、現時点での証拠を総覧すると、その頃大陸の一部だった台湾から北上して沖縄島へ至る「沖縄ルート」が存在したことが見えてくる。これについては、第2

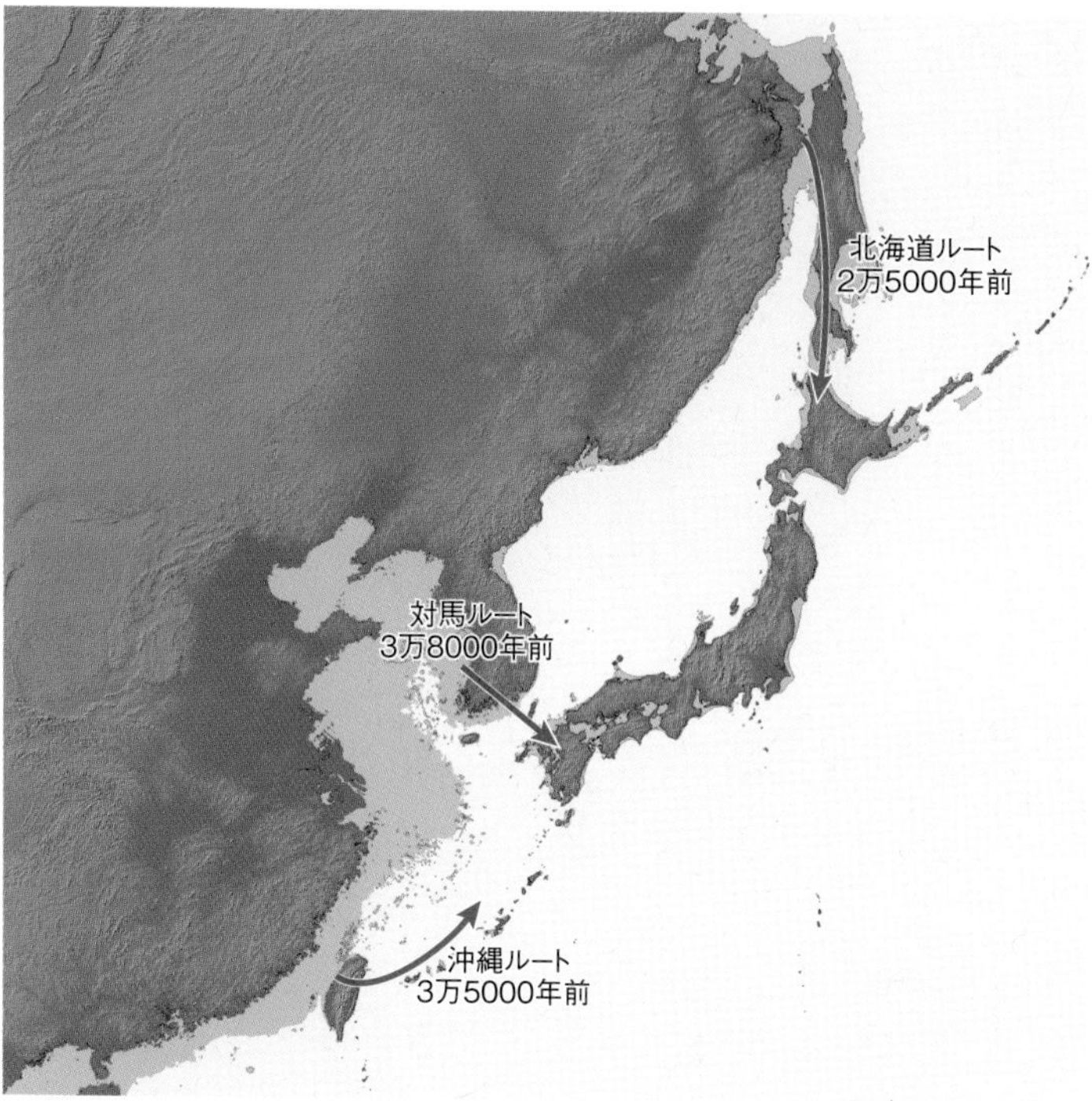

図1-5　日本列島への３つの渡来ルート

後期旧石器時代にホモ・サピエンスが列島へ入ってきたルートとして、北海道ルート、対馬ルート、沖縄ルートの３つが考えられる〈GeoMapAppで作図〉

章で詳しく述べる。
最後に北海道については、2万5000年ほど前に、シベリアから細石刃文化と呼ばれる独特の石器文化が南下してきたことが、古くから考古学者の間で知られていた。これは一つの移住の流れとみなすことができるので、私はこれを「北海道ルート」と呼んでいる。しかし前述のとおり、北海道には、これに先立つ3万年前から遺跡がある。この北海道最古の集団が、同じ北海道ルートでシベリアから南下してきたのか、あるいは対馬ルートの集団が古本州島から津軽海峡を越えたのか、そこはまだよくわかっていない。

註10) 静岡県の井出丸山遺跡、長野県の貫ノ木遺跡、熊本県の石の本遺跡群8区と54/55区。
註11) 沖縄島のサキタリ洞遺跡と山下町第一洞穴遺跡、種子島の立切・大津保畑遺跡と横峯C遺跡。
註12) 千歳市の祝梅三角山遺跡、帯広市の若葉の森遺跡と上似平遺跡、遠軽町の白滝3遺跡。

人類はどのように海へ進出していったか

現在の私たちが島へ行こうということになれば、どの航空会社を選ぶか、あるいはどんな客船に乗るかと考える。その旅路はとても安全なもので、よほど運が悪くなければ危険を感じることもない。しかしこのように誰もが気楽に海を越えられる時代がやってきたのは、つい最近のことだ。日本史の中でも、7～9世紀の遣唐使船がしばしば遭難していたのは、よく知られている。

そもそも私たちの身体は、海に出るように作られてはいない。今から4億年ほど前、デボン紀と呼ばれる太古の地球で魚類の一部が陸に上がり始めて以来、人類に至る生物の系統は、海からどんどん離れ、陸の生活に特化した身体を進化させてきた。鰭《ひれ》に代わる四肢、鰓《えら》に代わる肺、体内の水分を逃がさない皮膚、食べ物を丸飲みにせず歯で砕いてから消化するシステムなどは、どれも陸への適応進化の帰結だ。周知のとおり、哺乳類の一部は海に戻ってクジラやアザラシになったが、我々が属する霊長類は森林を中心とする陸上生態系を舞台に進化してきたグループである。だから、もう簡単には海に戻れない。

そこでホモ・サピエンスは、他の生物がやらない斬新な手段で、4億年ぶりに海洋世界にカムバックした。それは身体を進化させるのでなく、水上航行具を作り、道具で問題を解決するというやり方だ（註13）。その初期段階は沿岸での魚獲りくらいのものだったろうが、やがてそれは向こうの島を目指すという行為に発展し、5万年前頃に、渡海が繰り返される「本格的な海洋進出」が始まった。

図1-6に、年代の信頼性が高い遺跡の証拠に基づいて復元した、ホモ・サピエンスの海洋進出史を示した。背景の地図には、過去10万年間でもっとも海面が下がった2万年前頃の陸域を示してある。ここに示したのはすべて石器時代、つまり金属器を持たない段階で祖先たちが成し遂げた拡散なのだが、図1-6ではそれを「初源期」（点線で囲った部分の年代）と「発展期」（オレン

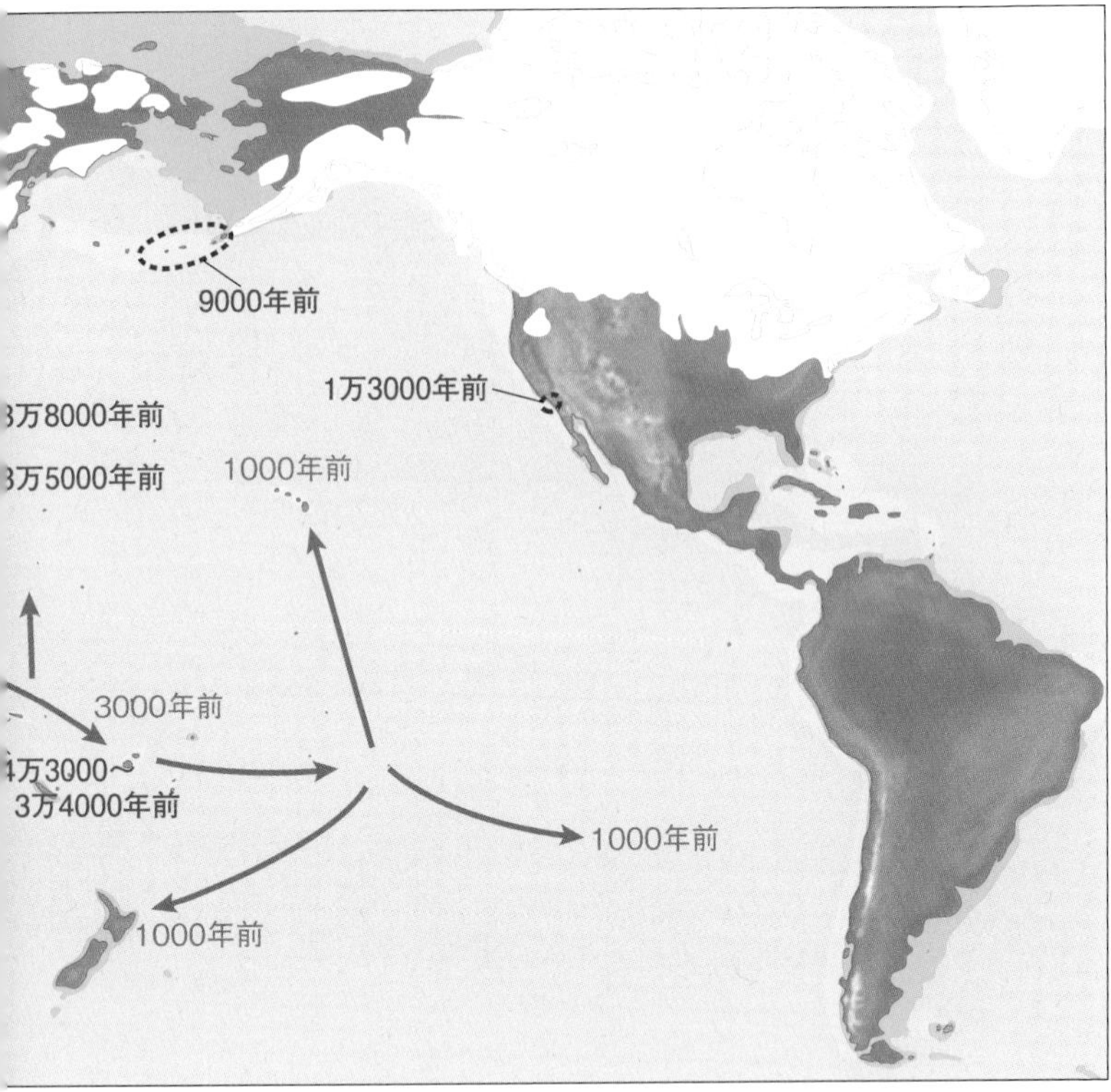
9000年前
1万3000年前
3万8000年前
3万5000年前
1000年前
3000年前
4万3000～
3万4000年前
1000年前
1000年前

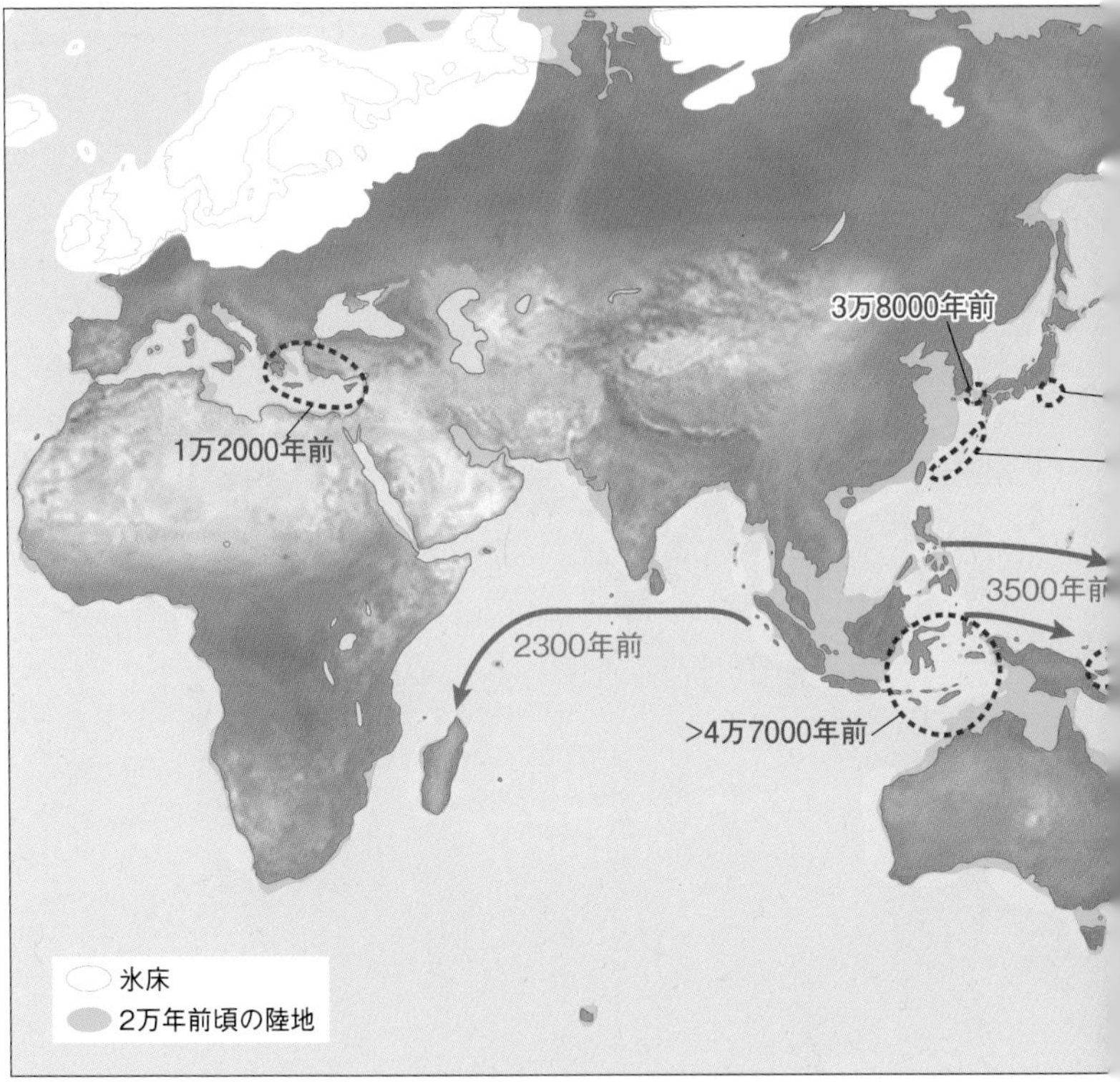

図1-6　ホモ・サピエンスによる海洋進出の証拠

「初源期」の拡散（点線で囲った部分）と、新石器時代の農耕文化を持つ集団が成し遂げた「発展期」の拡散（オレンジ色の矢印）。発展期の進出には、風を自在に操る本格的な帆走技術の出現が関係したと考えられている。地図には海面が下がって拡大していた2万年前頃の陸域を示してあるジ色の矢印で記した年代）の2段階に分けて示している。前者は基本的に旧〜中石器時代の狩猟採集民たちによるもので、後者は新石器時代の農耕民による拡散。本書で探る日本列島への進出は、もちろん、初源期の一幕だ。

初源期は、インドネシア東部の海域で幕開けした。4万7000年前あるいはもっと古い6万5000年前頃に、オーストラリアとニューギニアに、ホモ・サピエンスが出現し始めたことがそのサインである。当時、これらの陸地は海面低下により合体していて、サフルランドと呼ばれる大陸を形成していた。同様に、インドネシアの西半分（スマトラ島、ジャワ島、バリ島、ボルネオ島）も、アジア大陸と連なる広大な「スンダランド」を形成していたので、旧石器人たちは、この2地域に挟まれた東インドネシアの海を渡ってきた。この海域の島は大きく、2000〜3000メートル級の山もあるから、その旅路では、基本的に隣の島を目視しながら進める。彼らはサフルランド到達後もさらに海を越え、4万3000〜3万4000年前頃に、ニューギニア北東部のビスマルク諸島やソロモン諸島へ到達した。

東アジアの日本列島周辺には、これに次いで古い渡海の証拠がある。次章で改めて述べるが、ここでは3万8000〜3万5000年前の間に、少なくとも3つの海峡で、ホモ・サピエンスが海を越えていた。

一方でクロマニョン人がいたヨーロッパには、これほど古い確実な渡海の証拠はない。アメリカ大陸ではホモ・サピエンスの到達が遅れ、渡海の証拠は、当然ながらアジアより年代が新しい。それでも大陸辺縁の近い島への進出が、1万年前までに世界各地で起こっていた。

この後、太平洋の深部のような、さらに遠い島々への進出が始まるのだが、これを「発展期」と呼ぼう。発展期は3500年前頃に太平洋の西側で始まり、およそ1000年前までに太平洋全域とマダガスカル島への移住が達成されて終わる。これには本格的な帆走、つまり風を推進力に使う技術の登場が絡んでいたと考えられている。

つまりアジアの西太平洋沿岸は、先史時代の海洋進出において鍵となる地域だったのだ。その中で本書のテーマは、日本列島周辺で起こった人類最古段階の海洋進出の一幕を、徹底的に探究することにある。


註13）人類の海洋進出には、その前史がある。偶然なのか意図的なのかわからないが、アジアの辺縁で、100万年ほど前に原人が狭い海峡を越えて、インドネシアのフローレス島やフィリピン群島へ渡っている。しかしこの段階では、おそらく数キロから最大で30キロメートル程度の海を渡ったに過ぎず、そこはネズミの仲間が漂着し、ゾウの仲間は泳いで渡っている範囲内であった。そしてそれらの原人（2004年に発表されたフローレス原人と2019年に発表されたルソン原人）は、さらに先のオーストラリア大陸などへ渡ることはなく、島で孤立して、矮小化という極めて独特の進化を遂げたとみられる。フローレス原人の身長は1メートル強で、ルソン原人もそれと同等に小さかった可能性が疑われる。

実験プロジェクトの誕生

インドネシアから日本列島へ至るアジアの広範囲で、人類最古段階の海への進出がなされていたことがわかったが、まだ大事なことがわかっていない。彼ら旧石器人は、どんな手段で、どのようにこれらの海を越えたのだろう。それはどれほど困難なことで、彼らはなぜそれに挑もうと思ったのだろう。

とくに気になるのは、沖縄を含む琉球列島だ。ここには目標の島が見える限界を越えた100~200キロメートル以上の海峡があり、さらに世界最大規模の海流である黒潮が入り込んでいる。そんな海を、3万年以上前の祖先たちは、なぜ越えようとしたのか。

しかしこうして考えるだけでは、疑問は解けない。そこで私は、旧石器時代の航海を、科学の力の及ぶ範囲で徹底的に再現したいと思うようになった。各分野の証拠を総動員して当時の舟を推定し、それを自分たちで作り、海に出して実験航海するのである。その舞台としては、難易度の高い琉球列島がいい。

プロジェクトでは、これから3万年前の謎を解くために数々の実験をおこなっていくが、最終的に、推定した当時の舟で実験航海をすることが目的である。その舞台として、私は沖縄ルートの入り口、つまり日本列島への入り口の一つでもある、台湾から与那国島を目指す航路を選んだ。そこには黒潮が流れ、目標の与那国島は出発地の台湾から見えないという難しさがあるので、挑戦しがいがある。祖先たちがどれだけのことをしたのかが知りたいのだから、難易度は高いほうがいい。

この実験プロジェクトには、多くの専門家の協力が必要だ。そこで私のような人類進化学者や遺跡を調査している考古学者はもちろん、古代舟を推定するための海洋文化人類学者、舟の素材を検討する植物学者、現在と古代の海を研究する海洋学者らに声をかけ、集まってもらった。さらに実験航海には舟を漕ぐプロが必要なので、海洋探検家にも参加を要請した。こうして科学者と探検家が集う研究会を、2013年3月に与那国島で開催し、そこから生まれたのが「3万年前の航海 徹底再現プロジェクト」である（註14）。

与那国島での会合から3年の準備期間を経て、2016年4月に、国立科学博物館（東京都台東区）の主催事業としてこの実験プロジェクトが正式に発足した。さらにその翌年の2017年3月には、台湾の国立台湾史前文化博物館（台東県台東市）と協定を結び、日本と台湾が協力する国際共同プロジェクトとして、歩み始めた。

実験資金は民間からいただいている。日本では、2016年、2018年と2回実施したクラウドファンディングで1752名から5978万円（註15）、企業と個人からの寄付が65件1996万円、それから博物館の募金箱への募金が260万円にのぼった。台湾でも465万4600台湾ドルの運営費と寄付があり、こうして「3万年前の航海 徹底再現プロジェクト」は、大勢から助けられ、その皆の夢を背負ったプロジェクトとなっていった。支援・応援くださった個人と企業の皆様に、心より感謝申し上げたい。

註14）発足当初のプロジェクトチームは下記のとおり：代表が海部陽介。人類・考古・民族学の専門家として、池谷信之（明治大学）、井原泰雄・米田穣（東京大学）、小野林太郎（国立民族学博物館）、片桐千亜紀（沖縄県埋蔵文化財センター）、河野礼子（慶應義塾大学）、後藤明（南山大学）、篠田謙一・藤田祐樹（国立科学博物館）、山崎真治（沖縄県立博物館・美術館）。3万年前の海流・地形・植生の研究者として、菅浩伸（九州大学）、久保田好美・國府方吾郎（国立科学博物館）、横山祐典（東京大学）。古代舟製作と漕ぎ舟航海のエキスパートとして、内田正洋（海洋ジャーナリスト）、石川仁（冒険家）、関野吉晴（探検家・医師）、洲澤育範（喜多風屋代表）。さらに成果を一般社会へ還元するアドバイザー役として、村松稔・小池康仁（与那国町）、田村祐司（東京海洋大学）、大西広之（四国大学）が加わった。プロジェクトの難しい舵取りを下支えする事務局マネージャーには、熱意と行動力を備え、かねてからこの人しかいないと考えていた三浦くみのを、外部から招き入れた。

註15）クラウドファンディングの詳細については以下を参照：
https://readyfor.jp/projects/koukai
https://readyfor.jp/projects/koukai2

私たちの実験航海

１９４７年にポリネシア人の起源を探るためにおこなわれたコン・ティキ号の冒険以来、過去の再現をねらった実験航海が、世界中で多数実施されている。その多くは、特定の舟でA地点からB地点までの移動が可能かどうかを検証するためだったが、今回の「3万年前の航海 徹底再現プロジェクト」は、少しユニークだ。

私たちのプロジェクトでは、「行けるかどうか」よりも、人類最古段階の海への挑戦者たちにとって、「行くことがどれだけ難しかったか」に関心がある。祖先たちが島へ渡ったことは、すでにわかっている。知りたいのは、「彼らがどんな挑戦をしたか」なのだ。

そして私たちは、過去の事実の探究にこだわりたい。もちろん、3万年前の航海そのものを再現できるわけではない。現在と過去の海は異なるし、そもそも科学が追究してもわからないことは、たくさんある。それでも証拠に即して、可能な限り事実を追い求めるのが科学だ。私たちはそれを、1人の研究者の独断でなく、関連諸分野の一流研究者たちの協力のもとに実践する。そしてそこから導かれる、「3万年前はこうだったはずだ」というベストモデルで、台湾から与那国島を目指す、最終的な実験航海に挑みたい。

私たちのもう一つのこだわりは、実験航海で舟を操るのは科学者ではなく、海洋探検家という点だろう。科学者は海の理論を知っていても、実際の海で小舟を操れるわけではない。そちらのプロは海洋探検家たちだ。研究者と探検家がタッグを組んで、それぞれの専門を活かして最高のものを作ることが、私たちの目指すところで、かつユニークな点。プロジェクト名の「徹底再現」とは、そういう意味なのである。

実験プロジェクトの母体となった「与那国研究会」の参加者。与那国島にて、2013 年 3 月撮影

第2章 3万年前の謎

台湾から与那国島を目指す実験航海の前に、いくつか解いておくべき謎がある。まず手元にある情報を整理して、3万年前の世界と琉球の海についてイメージを固めたい。それから未解決の重要課題を洗い出して、私たちがおこなう実験のプランを立てよう。

旧石器時代に可能だったこと

本書の主役となるのは、アフリカを出て世界へ広がったホモ・サピエンスのうち、アジア大陸の東端へ移動してきた集団である。まず、彼らが生きた後期旧石器時代という時代について、縄文時代と比べながら、イメージをつかんでおこう。

日本列島の後期旧石器時代は、ここにホモ・サピエンスが現れた約3万8000年前頃に始まり、それに続く縄文時代は、列島最古の土器が出現する1万6000年前頃から始まるとされる。つまり現代の考古学者は、基本的な両者の区別を「土器の有無」によって定めている。

次に当時の自然環境だが、後期旧石器時代は最終氷期《さいしゅうひょうき》の末期に当たり、縄文時代の前半は、気温が上昇して現在の間氷期《かんぴょうき》へ移行した時期に当たる。後期旧石器時代は寒かったため、33ページ図1-4の地図で見たように海面が下がって瀬戸内海が消滅し、北海道や台湾は大陸と陸続きになっていた。寒冷な気候は植生に影響し、東日本は針葉樹に覆われ、秋の紅葉を楽しめる落葉広葉樹の林は列島南部に押しやられていた。そのような古本州島には温帯系のナウマンゾウ、オオツノジカ、ヒョウなどと、北方系のヘラジカやステップバイソンが入り混じっており、大陸と接続していた北海道にはシベリアからマンモスが渡ってきていた。

氷期のピークが過ぎて縄文時代に入ると、これらが大きく変化する。海が進入して現在の海陸分布となり、植生が変わり、大型動物の多くが姿を消して、サル・シカ・クマ・オオカミ・キツネ・タヌキなどで構成される近現代の野生動物相へと移行していった。

続いて文化と生業についてであるが、旧石器人も縄文人も、金属器を持たず、主な道具素材として石、骨、角、象牙などを使っていた点は同じだ。まだ本格的な農耕や牧畜が始まっておらず、生業の中心は野生動植物の狩猟と採集だった。

しかし縄文時代には土器が作られていたのに対し、旧石器時代にはそれがなかった。土器があれば煮炊きが容易になり、使える食材も料理も幅が広がるが、旧石器時代にはないので、たとえば野菜・肉・魚介などのスープを日々楽しむようなことができない。皮や植物の容器に水と焼け石を入れて沸騰させるストーンボイリングという技もあるが、土器を火にかけるほうがはるかに簡単だ。

縄文人も旧石器人も狩猟採集民であったが、その暮らしぶりにはいくつか大きな違いがある。縄文人は、同じ場所に貝殻などのゴミを捨て続けて貝塚を形成し、大穴を掘った上に支柱をおく竪穴式住居を建て、巨石や巨木を配置した構造物を残したが、列島の旧石器時代にそのような遺構は発見されていない。これは縄文人が一つの場所にとどまって生活する定住傾向を強めていたのに対し、旧石器人は、季節などで条件のよい場所を転々と動く、移動（遊動）生活をしていたことを示している。

縄文時代にはまだ本格的な農耕は始まっていないが、有用植物としてヒョウタンやアサやウルシなどが大陸から移入され、食用となるクリやダイズの生育をコントロールする栽培も一部でおこなわれていたらしい。

全般的な道具技術は、直接比較できる石器を見る限り、縄文時代のものが明らかに洗練されていて多彩だ。縄文の遺跡から見つかる小型で形の整った矢じりや、全面を丁寧に磨いた磨製の石斧、用途不明だが手の込んだ作りをしている異形石器などは、旧石器時代にない要素である。

本書のメインテーマとなる舟についてはどうだろう。旧石器時代の舟は遺跡から発見されたことがないため、あくまでも類推であるが、多くの研究者が、筏《いかだ》のようなものであったと予想している。一方で縄文遺跡からは、丸太をくり抜いて作る丸木舟（単材刳り舟《たんざいくぶね》）の残骸が多数見つかっているので、これが縄文時代の主力舟だったと考えてよい。丸木舟に板を継ぎ足すとさらに大きな準構造船《じゅんこうぞうせん》と呼ばれる舟になるが、縄文時代にこの技術はなかった。

最後に海上移動についてであるが、旧石器人は本州島から50キロメートル近く離れた伊豆七島の神津島《こうづしま》を訪れていた証拠があるが、縄文人はその4倍ほど遠い八丈島まで進出した。縄文時代には、朝鮮・対馬海峡や津軽海峡で両岸に共通する釣り針や土器が現れるなど交流の痕跡が見えるし、九州から沖縄島に土器が持ち込まれたことも確実視されている。

したがって縄文人の海洋渡航技術は、旧石器人のものより発達していた可能性が高い。それがほぼ同等であった可能性を否定はできないが、少なくとも旧石器人が縄文丸木舟の上をいく準構造船を持っていたとは考えられない。そしてここに、「旧石器人の舟は、縄文人の舟より原始的な筏か何かであった可能性が高く、少なくとも丸木舟を超えないもの」という、本プロジェクトの大事な前提が一つできる。

琉球列島に突然現れた旧石器人

これからおこなう実験プロジェクトで注目するのは琉球列島（南西諸島）だが、そこに現れた旧石器人については、意外なことがわかっている。

琉球列島は、九州と台湾の間に連なる全長1200キロメートルほどの弧状列島である（図2-1）。太平洋に面するその南東側は、水深6000メートルを越える琉球海溝に縁取られているが、そこはフィリピン海プレートが太平洋側から列島の下へもぐり込んでいる現場だ。このプレート運動で持ち上げられてできたのが琉球列島で、逆にそれと連動して沈み、窪地となったのが、東シナ海を走る水深1000〜2000メートル級の沖縄トラフ。このような現在の地形は、過去200万年ほどの間にできたと考えられている。

現在の列島の最北部には、比較的大きな種子島と屋久島を中心とする大隅諸島があり、その南には、小さな活火山が列をなすトカラ列島がある。列島中央部には、奄美大島・徳之島・沖永良《おきのえら》部《ぶ》島《じま》・与論島・沖縄島が直線状に並び、そこから少し離れた南西側に、宮古島・石垣島・西表《いりおもて》島《じま》・与那国島と続く、先島諸島がある。この列島にある島の数は、面積１００平方メートル以上のものに限っても、２００近くにのぼるという。

図2-1下に、琉球列島で知られている2万年前より古い旧石器時代の遺跡を示した。背景の地図には、４万～３万年前頃の地形を把握するため、当時陸化していたと考えられる水深０～80メートルの領域をグレーで示してある。これを見てすぐわかるのは、３万年前頃に遡る遺跡が列島のいたるところにある、ということだ。これらの遺跡が語ってくれることを、南のほうから見てみよう。

石垣島の空港敷地内にある白保《しらほ》竿根《さおね》田《た》原《ばる》洞穴《どうけつ》遺跡からは、旧石器人骨の化石が大量に発掘された。元琉球大学の土肥直美さんらのチームによれば、２０１６年までの調査で、２万７５００～１万年前の年代を示す人骨は19体。詳しいことはまだ研究中であるが、現時点までに、ホモ・サピエンスのものであること、男性４人の推定身長が１５８・６～１６５・２センチメートルであったこと、虫歯や骨折の痕跡があることなどが確認されている。人骨の化学成分分析からは、彼らの主な食物は陸上動植物で、島で暮らしていたがあまり海産物を食べていないことがわかった。

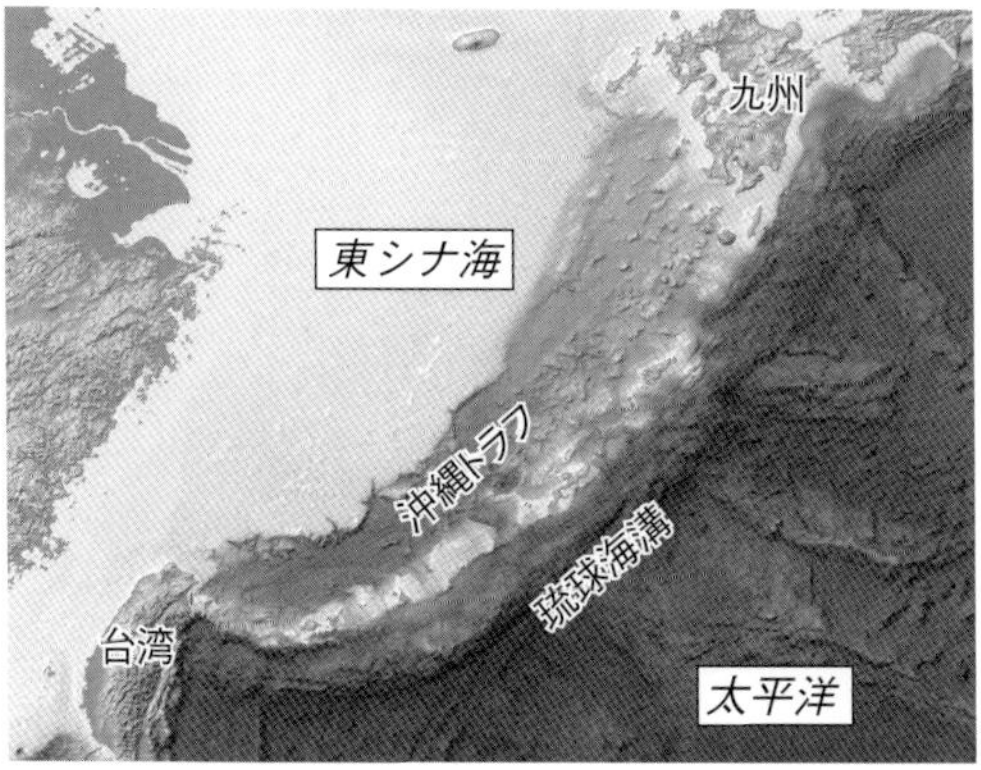

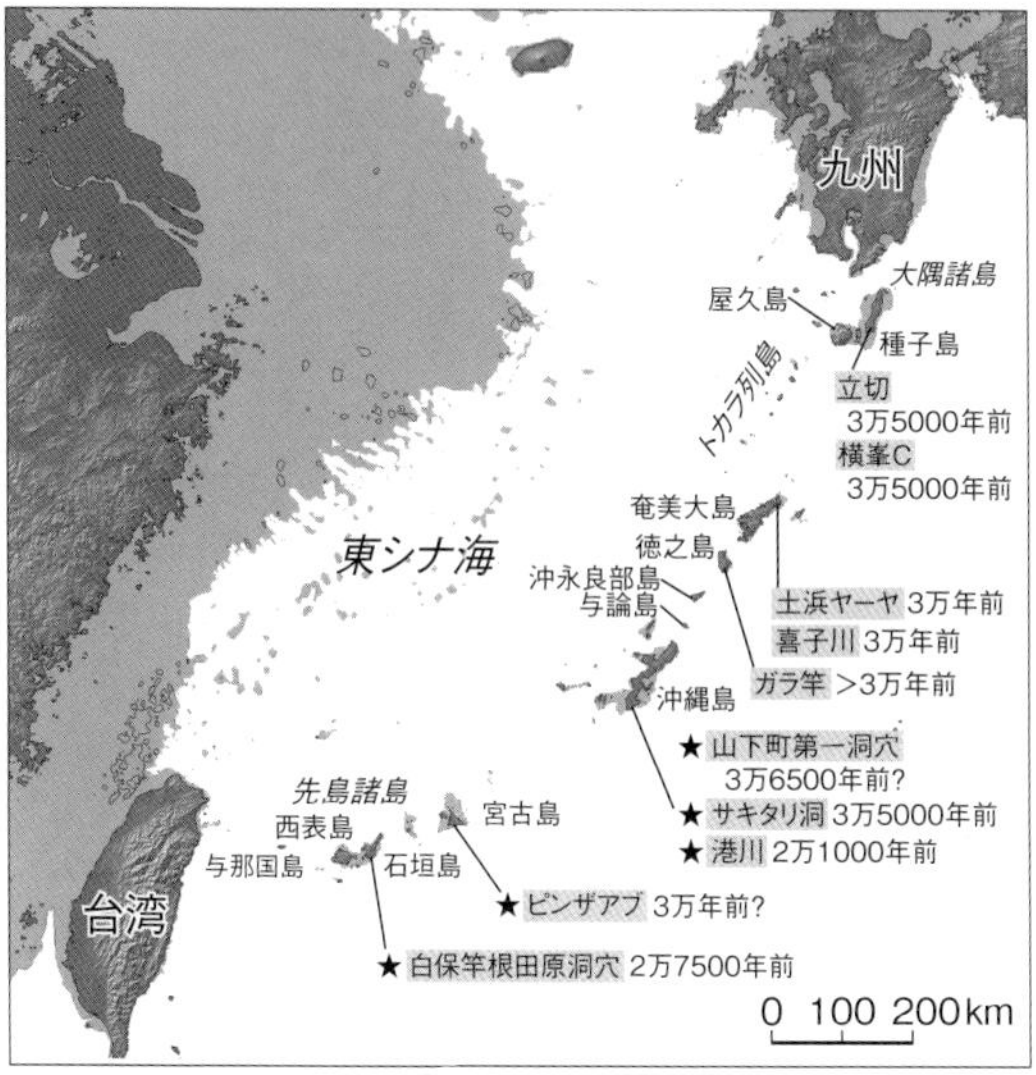

図2-1　琉球列島の地形と旧石器遺跡

（上）琉球列島周辺の現在の地形。（下）２万年前より古い遺跡とその年代。沖縄島以南の遺跡（★）からは多数の人骨化石が発見されている。この当時、水深80メートルより浅い薄いグレーの部分はおおむね陸化していた〈背景地図：菅浩伸 based on GEBCO 08 Grid（上）、GeoMapAppで作図（下）〉

沖縄島の3つの遺跡のうち、山下町第一洞穴遺跡からは、3万6500年前とされる小児の断片的な人骨化石が見つかっている。港川遺跡では、およそ2万1000年前の地層から9人ほどの人骨化石が見つかっているが、中でも全身の骨が揃っている港川1号と呼ばれる個体は、東アジアのホモ・サピエンスとしてはもっとも完全に近い人骨化石だ（図2-2）。国立科学博物館名誉研究員の馬場悠男《ひさお》さんの研究によれば、港川人の身長は男性で155センチメートル、女性で145〜150センチメートル程度だったが、これは世界の現代人集団の中では、アフリカの熱帯雨林に住むピグミーや東南アジアのネグリトのように、もっとも小さい部類に入る。港川人は上半身がきゃしゃで、肩幅が極端に狭い体形をしていた。

ところで世間では「古い人類＝原人」という誤解が蔓延していて、ちまたで「港川人」が「港川原人」と呼ばれているが、これは誤りだ。本物の原人は図2-2右上段のような容貌をしている。

沖縄島3番目の旧石器遺跡であるサキタリ洞は、今、国際的な注目を集めている。2016年に、ここから、「世界でもっとも古い、2万3000年前の釣り針」の発見が報告された（図2-3）。それは貝殻を削って作られており、針先に「かえし」がないタイプだが、オーストラリアなどの民俗資料に類例があるため、釣り針であることがわかる。水中の手の届かぬところにいる魚を捕らえるこの工夫は、私たちの食生活を豊かにしたという意味で、人類史上の大発明の一つに数えるべきだろう。

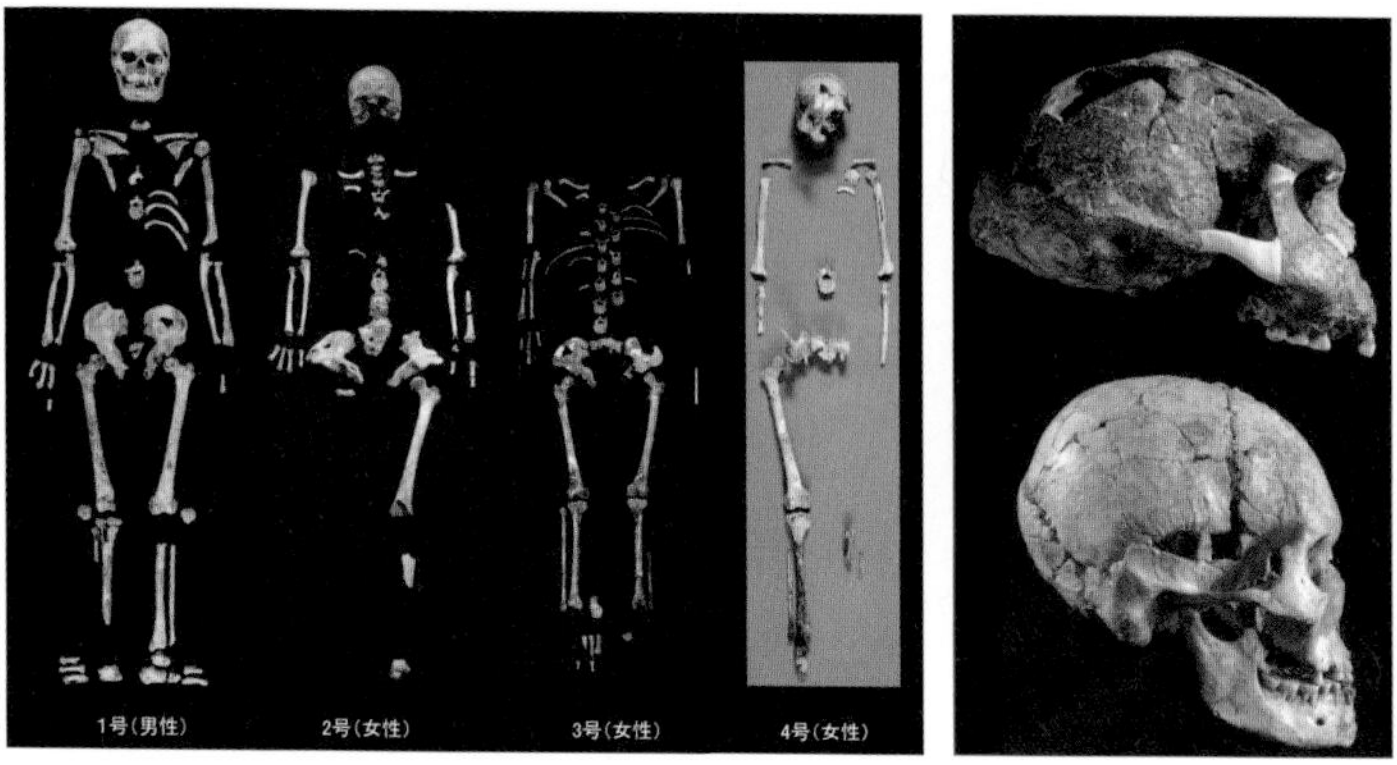

図2-2　港川人とジャワ原人の人骨化石

（左）沖縄島の港川遺跡から発掘されたホモ・サピエンスの骨格化石〈提供：東京大学総合研究博物館（港川１・２号）、沖縄県立博物館・美術館（３・４号）〉
（写真右）80万年前のインドネシアのジャワ原人（上）と2万年前の港川１号の頭骨化石（下）〈撮影：馬場悠男（上）、筆者（下）〉

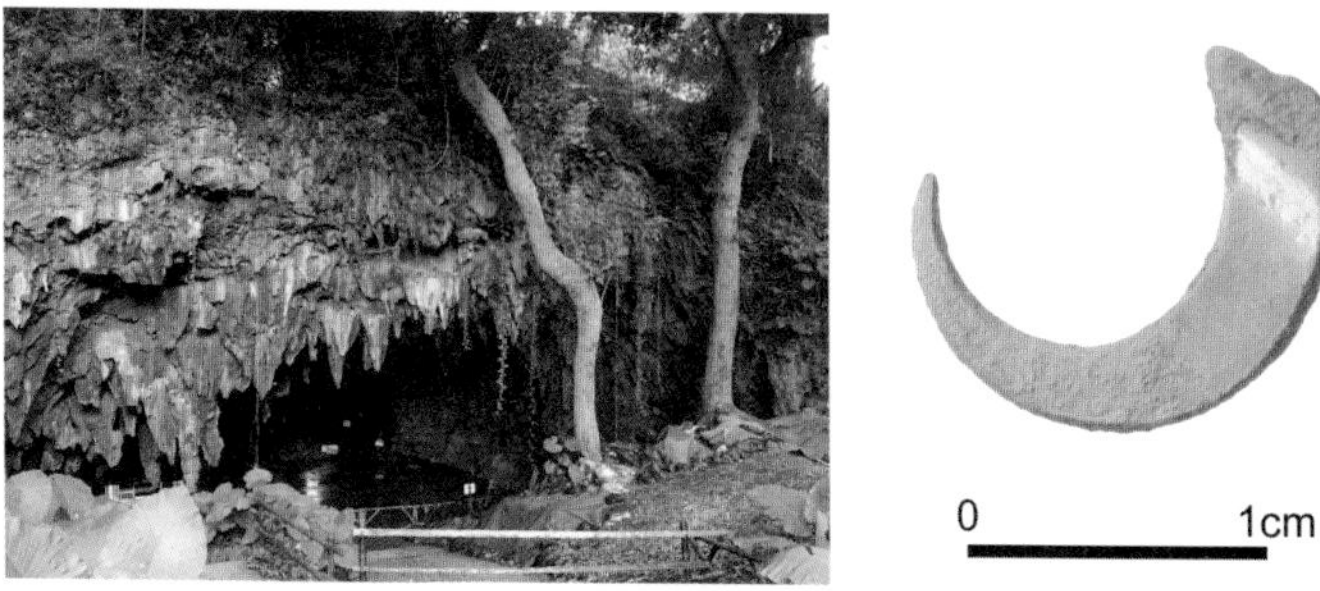

図2-3　サキタリ洞と「世界最古の釣り針」

沖縄島のサキタリ洞の入り口（左）と当遺跡で発見された約２万3000年前の貝殻製釣り針（右）〈撮影：筆者（左）、提供：沖縄県立博物館・美術館（右）〉

沖縄県立博物館・美術館の山崎真治さんらの発掘報告によれば、サキタリ洞人は釣り針のほか、貝殻製の削り道具を持ち、貝殻製のビーズも身につけていた。そして洞窟の地層に累々と埋もれている動物遺骸の分析から、彼らが毎秋ここを訪れて、産卵期で旬となったモクズガニ（中華料理で人気の上海蟹もこの仲間）や、オオウナギをつかまえては食べていたことがわかっている。

最北部の種子島では、3万5000年前の地層から、刃の部分を砥石で磨いた石の斧（刃部磨《じんぶま》製石斧《せいせきふ》）、火を焚いた炉の跡、石蒸し焼き料理をおこなったと推定される焼け石の集積、そして世界最古の狩猟用の落とし穴などが発見されている。「刃部磨製石斧」は本プロジェクトの鍵となる石器で、第5章で再登場する。「石蒸し焼き料理」とは、地面に掘った穴の中に焼け石を並べ、その上に葉で包んだ肉や根菜を置き、さらに葉と土をかぶせて蒸し焼きにするもの。準備から仕上がりまで数時間かかるが、太平洋の島々では、ごちそうとして今でも大切にされている伝統的調理法だ。「世界最古の狩猟用落とし穴」は、日本の種子島と、それより若干新しいが静岡県で発見されている。これは、目の前の動物を直接傷つけて捕らえる槍や弓矢より一歩進んだ、動物の行動を先読みして捕らえるワナ猟の一種である。

こうして見てきて、どうだろうか。列島の旧石器人といえば、これまで「乏しい生活技術で厳しい自然環境を何とか生き抜いてきた原始人」というイメージで語られることが多かった。しかし、手間のかかる石蒸し焼き料理を楽しみ、釣りをし、ビーズをつけ、旬になるとカニを捕まえに洞窟を訪れる彼らの姿を知ると、私たちは勝手な思い込みをしていたような気がしてくる。サキタリ洞の釣り針の発見者である国立科学博物館の藤田祐樹さんは、想定される彼らの生活を「ちょっとうらやましい」と言う。

そのような彼らは、いつごろ琉球の島々に現れたのか。まだ未発見の遺跡が存在する可能性を考えるなら、それは図2-1（55ページ）に示した数字よりもう少し古かった可能性もある。それでもこの遺跡地図を素直に読むなら、「ホモ・サピエンスは３万５０００年前頃に琉球列島へ進出し始め、３万年前までにその全域に広がった」というシナリオが導かれる。私はそう理解したとき、これはただごとではないと感じた。

見えない島と、世界最大の海流

なぜただごとでないかと言えば、今まで人類を寄せつけなかった１２００キロメートルに及ぶ列島が、ほとんど一気に殖民されたからだ。一つの島にたまたま行き着いたのではなく、列島全域に、突然、人が現れた。琉球の海を渡ることの難しさを知れば、衝撃はさらに増す。

まず、琉球の島々は小さく標高も低いため、航海の目標にするのが難しい。オーストラリアへ渡る途上のインドネシア東部の島々は、面積が大きい上２０００～３０００メートル級の山がそびえているが、琉球列島では、北部にこそ１０００～２０００メートル近い山があるものの、奄美大島より南には最高でも５２６メートルの山しかない（石垣島の於茂登岳《おもとだけ》の現在の標高）。３万年前なら島の面積が少し拡大し、例えば種子島と屋久島、沖縄島と慶良間諸島、石垣島と西表島な

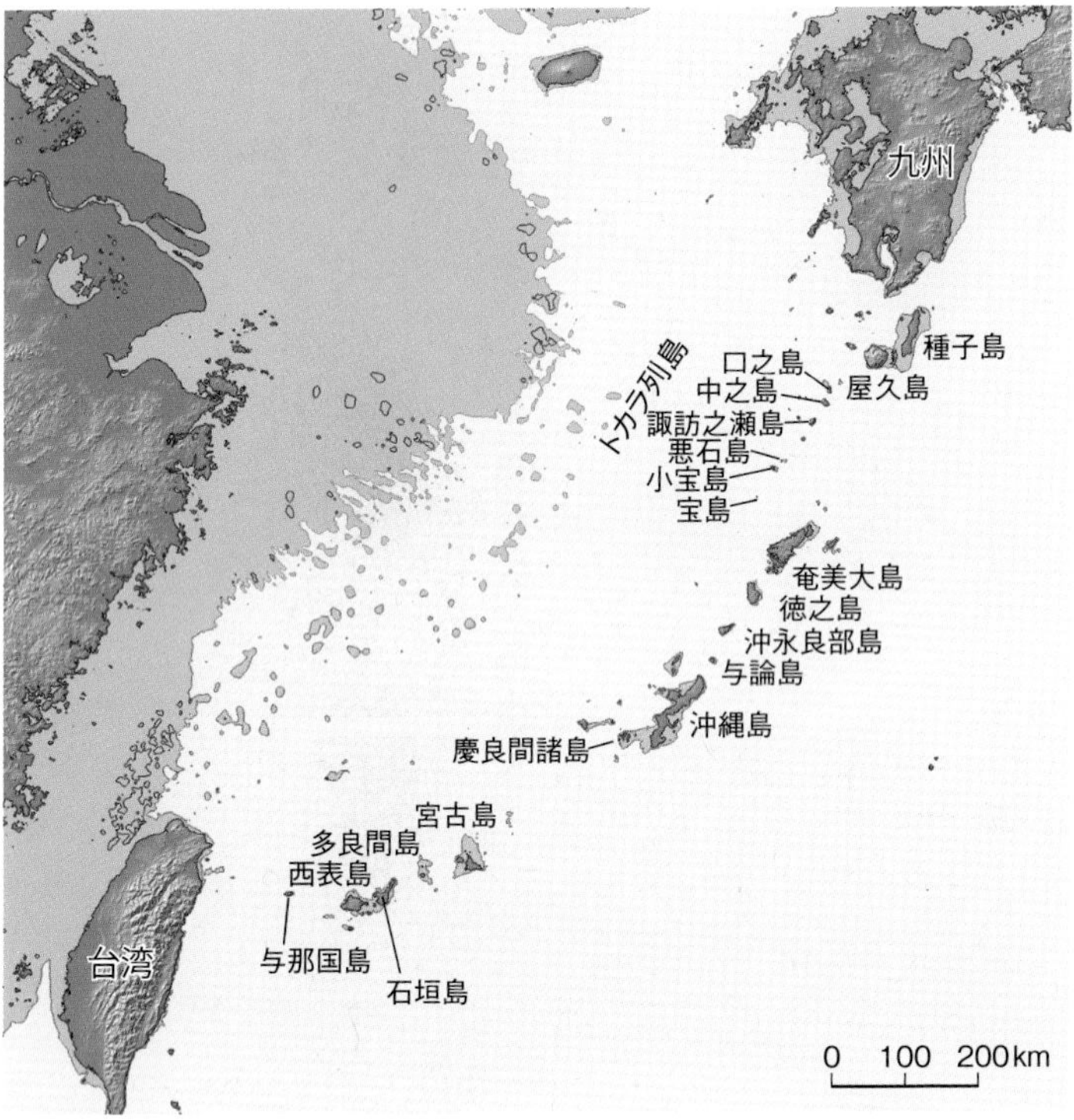

図2-4　4万～3万年前頃の琉球列島

海面が現在より80メートルほど低く、薄いグレーの部分まで陸地が広がっていた
〈GeoMapAppで作図〉

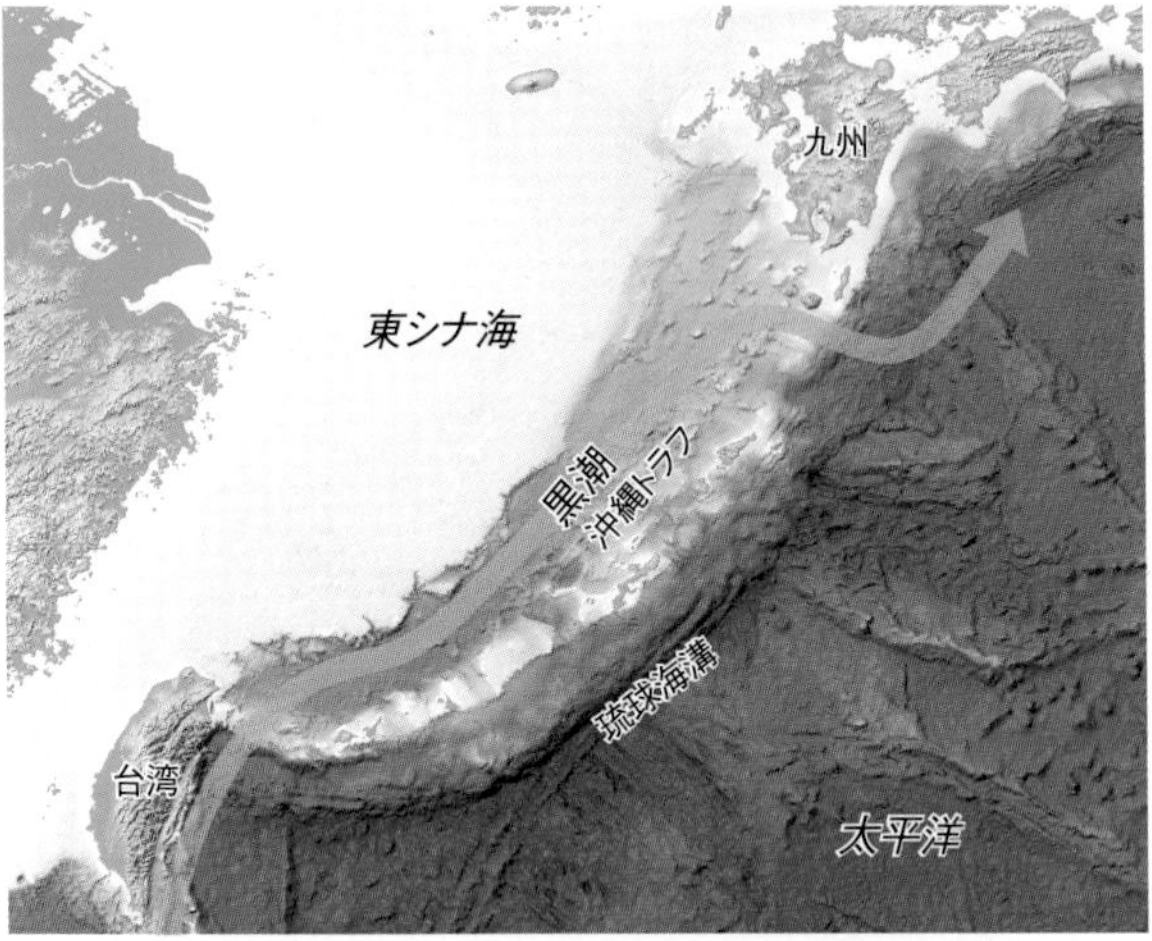

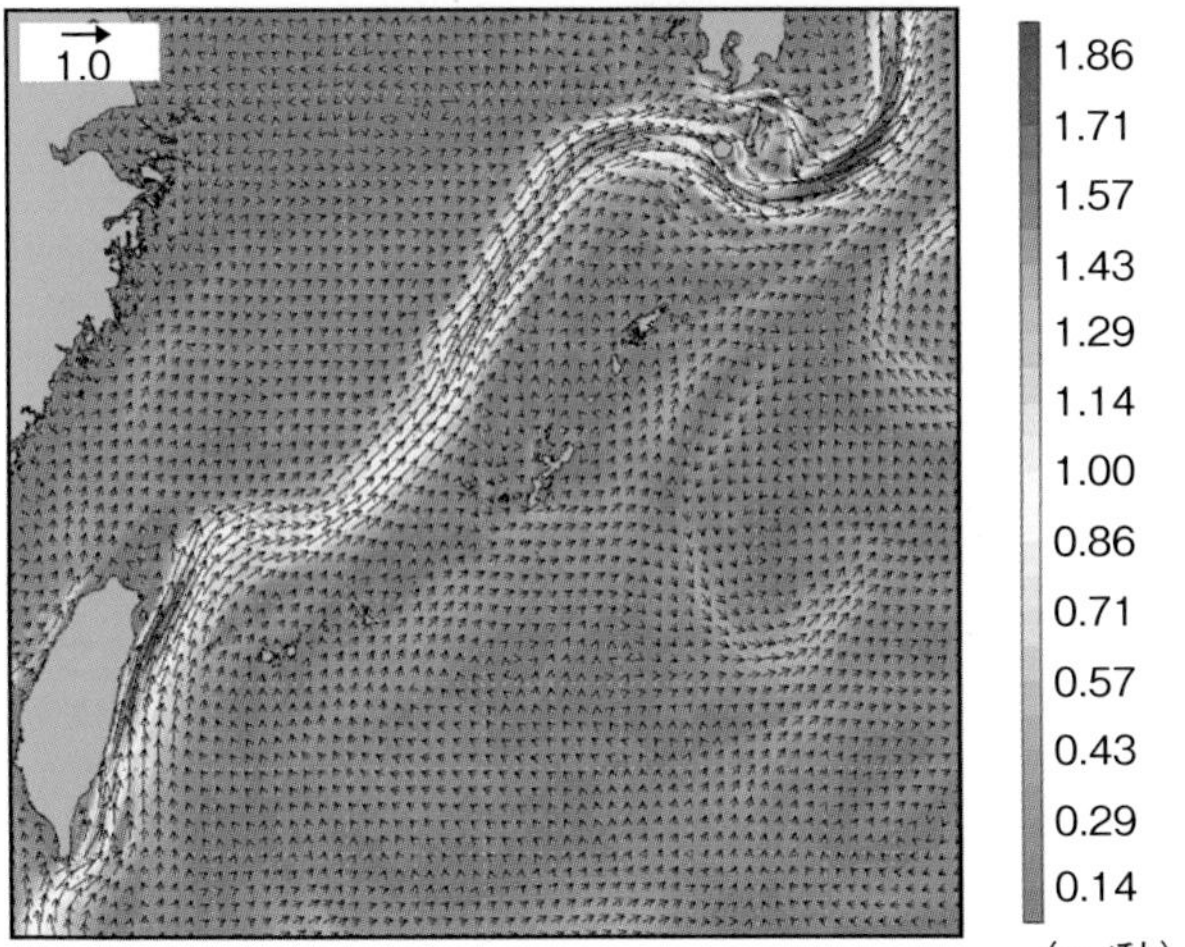

図2-5　琉球列島付近の黒潮の流路と流速

（上）当地域で黒潮は地形に沿って流れている。（下）スーパーコンピュータで図化した2019年７月１日の海流。黒潮の流れが秒速１～２メートルに達していることがわかる〈背景地図：菅浩伸 based on GEBCO 08 Grid（上）、海洋研究開発機構JCOPE-Tの海流図をベースに作成（下）〉

どが合体していた（図2-4）。しかし地図が示すとおり、全体的な地形は、現在とさほど違っていない。

次にここの海は広く、一部に、隣の島が視認できないほどの海峡がある。なぜ見えないかと言えば、それは地球が丸いからだ。3万年前の海面低下時でも、台湾の海岸から直線で105キロメートル離れた与那国島は、水平線の下に隠れて見えなかった。さらなる難関は、宮古島と沖縄島の間にある。この海峡は3万年前でも220キロメートルあり、ここを旧石器人が渡っていたなら、単に見えない目標にたどり着いたというだけでなく、当時の世界で最長の航海に成功したことになる。海面低下時には、宮古島寄りの海底の一部が海面上に姿を見せるが（図2-4）、低いのであまり航海の助けにはならない。

もう一つの謎は、旧石器人がどうやって島を見つけたかだ。第6章で述べるが、台湾から与那国島を発見する方法は、ある。台湾の山に登ればいい。ところが宮古島―沖縄島の間は、山に登っても相手の島が見える距離ではない。つまりここを旧石器人が越えたのなら、どうやって島を見つけたかということ自体が謎なのである。渡り鳥などを見て水平線の向こうの島を想像した可能性はあるが、もしそれだけの手掛かりで出航したのだとしたら、それは何ゆえだったのだろうか。

そしてもう一つの難関が、「黒潮」だ。黒潮は、北太平洋を一回りする大きな海流（亜熱帯循環）の一部で、その西側に生じる特に流れの強い部分を指す（図2-5）。起点はフィリピン沖で、台湾と与那国島の間を北上して東シナ海に入ると、沖縄トラフに沿って流れ、トカラ列島の海域で再び太平洋へと抜け、その後は四国や房総半島の沖を東へ流れていく。暖流である黒潮は、南方から日本列島へ、熱、塩分、ウナギの稚魚やサンゴの卵などを運んでくるが、その強大な流れは江戸時代になっても船乗りに恐れられていた。

黒潮は大西洋の湾流と並ぶ世界最大規模の海流で、その流速は台湾沖で毎秒1~2メートルに達する。人が歩く速度が毎秒約1メートルであることをイメージしてほしい。黒潮は勢いを増したり弱めたりと変動するが、強いときの幅は100キロメートルに達し、台湾と与那国島の間の海峡全体に広がることもある。

そんな黒潮だが、3万年前はどうだったのであろう。

黒潮を伴う大洋の循環流は、究極的には風と地形の影響で発生している。これらの諸要因は過去数万年間にさして変わっていないので、黒潮は3万年前にも確実に存在していた。変化している可能性があるのは、この海流がどこをどれくらいの勢いで流れていたかである。

台湾と与那国島の間は水深700メートルを越えるが、黒潮が3万年前も変わらずここを流れていたことは、本プロジェクトチームの久保田好美さん（国立科学博物館）らによる海底堆積物の研究や、その他の最新研究からも支持され、ほぼ確実といえる。ただし沖縄トラフに入った黒潮が、どのくらいの勢いでそこを流れ、琉球列島のどの海峡からどのように太平洋へ抜けていたかについては、もう少し検討が必要だ。

この流路の問題と、流速・流量の課題を解決すべく、推定される過去の大気循環の情報などをスーパーコンピュータにインプットして、3万年前の黒潮を模擬的に再現する試みが、郭新宇さんと楊海燕さん（愛媛大）・阿部彩子さん（東京大）・宮澤泰正さん（海洋研究開発機構）らのグループによっておこなわれている。2019年に発表されたその予備的結果からは、台湾沖の黒潮の勢力は、年平均で見ると3万年前に落ちていたことはなく、むしろ現在よりやや強いくらいであったと推定された。

したがって、詳細はなお研究の必要があるが、3万年以上前に琉球列島へ渡ってきた旧石器人たちも、現在と同じか少し違ったかたちで、黒潮に苦しめられたはずなのである。

3万年前の渡海ルート

琉球列島へ入るルートには、九州からの南下と、台湾から北上の2つがある。中国本土から東シナ海を横断するもう一つの可能性は、当時中国側の陸が拡大していたとはいえ、そこから琉球の島々を発見できないし距離も遠く黒潮が介在するため、考慮しなくていいだろう（60ページ図2-4、図2-5）。

琉球列島の旧石器人が南北のどちらからやって来たのか、まだわからないこともあるが、次に述べる手がかりから、双方からの移動があったという仮説を立てることができる。

日本の人類学では、伝統的に沖縄島の旧石器人はアジア南方から台湾を経由して北上してきたと考えられてきたが、この考えは現在でも支持を失っていない。その根拠は、沖縄島の港川人の頭骨や下顎骨の形態がアジア南方の人々と類似すること、石垣島の白保人についておこなわれたミトコンドリアDNAの予備分析が南方起源を示唆したこと、さらに、本州や九州なら必ずと言っていいほど見つかる形の整った旧石器が、沖縄島以南で発見されていないことがある。そして後述するように、もしこれらの集団が九州から南下してきたなら、どこかで黒潮を逆行しなければならなくなるが、それは最古段階の航海者に対してなかなか想像しづらい。

一方で、九州の真南にある種子島からは、刃部磨製石斧や落とし穴など、古本州島と共通する遺物や遺構が見つかるので、種子島の旧石器人は九州から南下したというのが、考古学の定説となっている。

その南のトカラ列島を越えた先にある奄美大島と徳之島の遺跡については、現時点で答えるのが難しい。これらの島では、九州的なのか南方的なのか性格づけの難しい少数の石器類が、3万年前に堆積したATテフラと呼ばれる火山灰層かその下位から見つかっている。これらの石器の多くは3万年前頃のものとみなしてよいが、一部に地層および年代について再検討を要するものもある（註1）。

以上で琉球列島の遺跡と地理と海について整理したので、ここで、旧石器人が列島最深部の沖縄島まで渡るというのがどのようなことなのか、図2-4（60ページ）を見ながら簡単に思考実験してみたい。沖縄島へ至るルートは、次のAかBのどちらかである。3万年前の海面低下で合体していた島は「／」で示す。

A）台湾から北上する

現時点で支持されている仮説で、最短の航路は、次のように5つの海峡を渡る。

台湾↓与那国島↓西表島／石垣島↓多良間島↓宮古島↓沖縄島

この中で明らかな難関は、1番目と5番目だ。台湾から与那国島へ渡るには、黒潮を横断し、海上から見えない与那国島を探し当てなくてはならない。その先は、不規則だが弱い海流がある30〜60キロメートルの海峡を3回ほど渡れば、宮古島まで行ける。しかし宮古島から沖縄島の220キロメートルの海は、前述のとおり、「山に登っても隣の島が見えない」関係なので、宮古島から沖縄島をどうやって発見したのかが謎である。

B）九州から南下する

このルートの後半部分については現時点で支持する証拠はないが、参考のために検討しておく。目標の島を視認できる最短距離の航路を選ぶと、次のようになる。

九州↓種子島／屋久島↓口之島↓中之島↓諏訪之瀬島↓悪石島《あくせきじま》↓小宝島↓宝島↓奄美大島↓徳之島↓沖永良部島↓与論島↓沖縄島

この航路は、10～60キロメートルほどの航海を12回繰り返して沖縄島に至るのだが、3万年前の海面が低い時期であれば、どの航海でも目標の島を見ながら舟を進めることができる。ただし黒潮の流路が現在と同じであったとすると、トカラ列島（口之島～宝島）の海域でこの巨大海流を逆行するという、離れ業に挑まなければならない。さらにトカラの火山島は岸が急峻で舟の接岸が容易でなく、獲物になる動物も少ない。もし旧石器人がそこを越えていったのであれば、その動機はいかなるものであったのか、とても興味深い。

さて、これらの海峡の中から、私たちのプロジェクトを締めくくる実験航海の舞台を選ぶとしたら、どこがいいだろう。先に述べたとおり、私は迷わず台湾から与那国島へ渡る航路を選択した。そこは日本列島への入り口の一つという象徴的意味を持つだけでなく、巨大な海流黒潮が介在し、目標の与那国島が見えないという難しさがある。祖先たちが越えた難関を知るには、うってつけの海峡だ。

註1）たとえば土浜ヤーヤ遺跡では、ATテフラの層から刃部磨製石斧の破片などが見つかっているが、包含層が斜面を滑り落ちた堆積物のようなので、後世の遺物の混入も疑われる。

彼らは「自らの意志」で海を越えたのか

これまで、琉球列島の旧石器人は自らの意志で航海したという前提で話を進めてきたが、ここで対立する漂流説について検討しておきたい。漂流説とは、旧石器人を乗せた舟が事故で流されて意図せず島に漂着し、それが結果的に移住になったとする考えだ。それは、①島に漂着できて、かつ、②漂着後に人口が増えてそこへ定着できたときに成立する。

①について、有名な例から考えよう。

日本の民俗学の創始者である柳田國男は、1961年に発表した『海上の道』で、日本列島の人と文化が南方から舟で漂着したという仮説を披露した。その着想のきっかけは、柳田が愛知県渥美《あつみ》半島に流れ着いた椰子《やし》の実を見つけたことにある。この話が島崎藤村に伝わり、かの有名な「名も知らぬ　遠き島より　流れ寄る　椰子の実一つ……」という歌が生まれたのだが、それとは別に、柳田はここから日本人の起源について夢想した。

しかしよく考えるべきだ。椰子の実（ココナツ）が漂流するのは、ココヤシの繁殖戦略である。種子を海流で拡散させ新天地で子孫を増やしていくのだが、椰子の実はそのために水に浮かぶ構造と耐水性を進化させた。これと人間を同一視していいのだろうか。

海の向こうから漂着するゴミや難破船なども、先史時代の漂流説の根拠には採用し難い。海の広さが有限なので、沈まず消失もしない物体が漂流している限り、いつかどこかに流れ着く。人

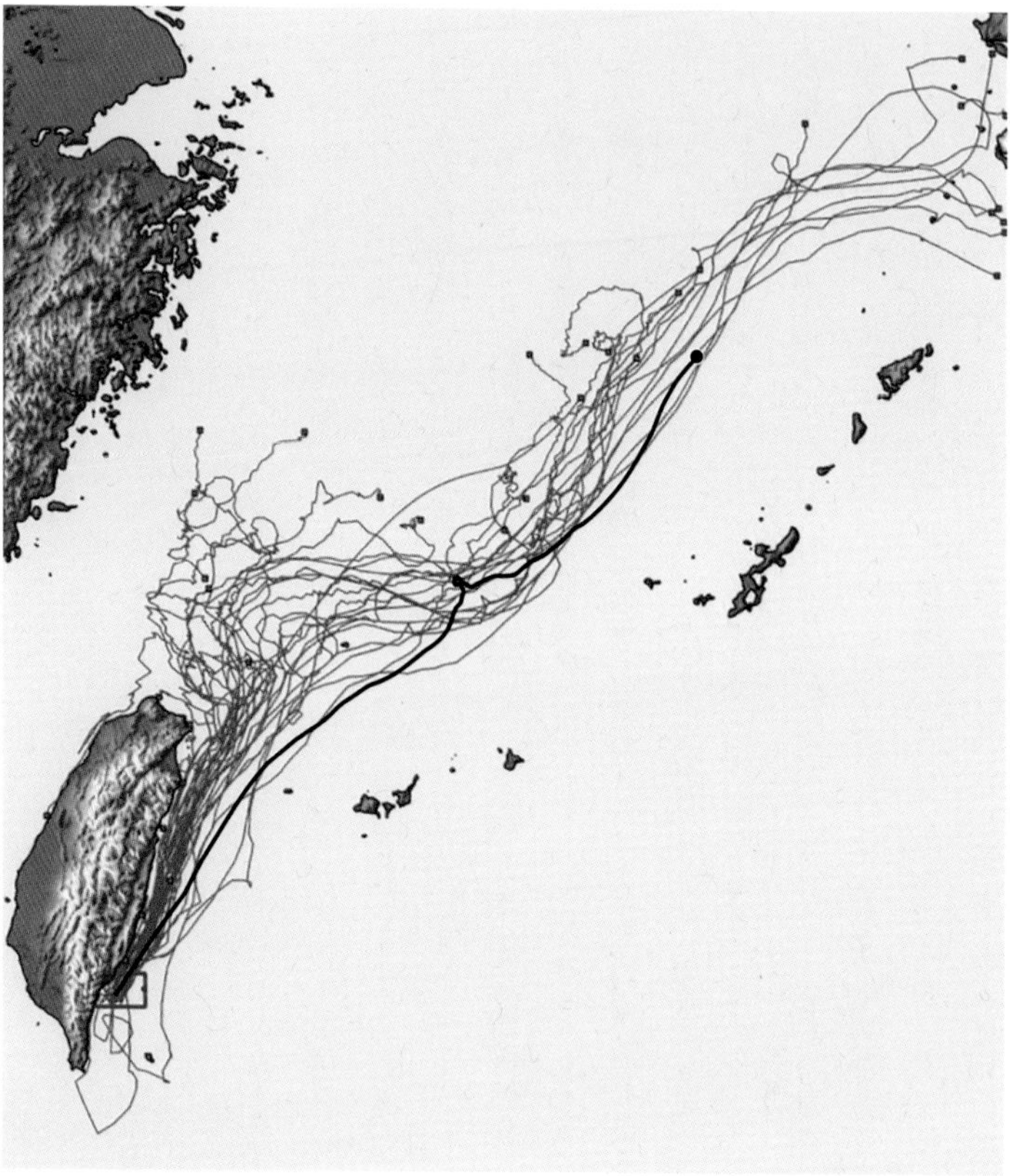

図2-6　台湾沖を流れた実験用漂流ブイの軌跡

台湾の南方（四角く囲ったエリア）から流れた多数のブイの軌跡。現実の漂流がどのようなものかがわかる〈作図：郭天侠・国立台湾大学海洋研究所〉

間の場合は海上で無限に耐えられるわけではないから、漂流説を検討するには、条件を具体的にして「A地点からB地点まで一定時間内に漂着できるか」を問うべきだ。食料と水を大量に積んだ歴史時代の大型船なら長時間の漂流に耐えられるだろうが、小さな古代舟の場合、そこも差し引かなくてはならない。

そこで私は、台北にある国立台湾大学海洋研究所の郭天俠さんと詹森さんを誘って、共同研究を始めた。海流の動態を調べるために海に投げ込まれたSVP漂流ブイというものがある。衛星通信を介して現実の海の中でのブイの流され方を記録したものだが、そのデータを検討して、台湾の沿岸から沖縄の島々へ漂着できるかどうかを確かめた。

図2-6は整理中の暫定結果であるが、さまざまな季節に台湾沿岸を流れていった多数のブイのどれもが、奄美大島以南の琉球の島々には漂着しないことがわかる。黒潮の西側の縁からその流れに乗った漂流物は、台風のときなどを除けば、黒潮を横断して東側へ抜けることはほぼない、ということなのだろう。台湾からトカラ列島や九州に漂着する例はあるが、それには平均で21日以上の時間がかかっている。これが漂流の現実なのだ。

次に、②の「漂着後に人口が増えて島に定着できるか」という課題を考えよう。そもそも狩猟採集民が海に出て舟が流されるというのは、どのようなケースがあり得るのだろうか。

もっとも可能性が高いのは、魚を獲っていた舟であろうが、どこの人間社会でも、そのような活動はたいてい男だけか女だけでおこなわれる。島に漂着したのが父子など男だけ、あるいは女だけなら、当然ながらそれ以上の未来はない。移住で忘れてはならない絶対条件の一つは、男も、女も、行動をともにするということなのだ（そう思って改めて沖縄の人骨化石をみると、男も女もいる／57ページ図2-2）。

もし血縁関係のない若い男女が多数乗った舟なら、移住後の成功率は上がる。しかし民族学の研究者によれば、狩猟採集民でそうしたケースが起こるとはとても想像し難く、あり得るのは家族単位での移動くらいだという。

では、複数の家族がほぼ同時に同じ場所に漂着したらどうだろう。東京大学の井原泰雄さんがおこなった数理シミュレーションでは、2家族で合計10人くらいが同時に漂着すれば、島での未来が開ける可能性が高いことがわかった。これはまったくあり得ないことではないかもしれないが、ともあれこのように特殊なケースでない限り、漂流が移住につながることはない。

つまり海流の実態からみて、琉球列島への漂着は極めて難しい。さらに、もし漂着があったとしても、その舟に人口定着に必要な男女が乗っていることを期待しにくい、というのが現実だ。

一方で、3万年以上前に起こった事実は、図1-6（40ページ）に示したように、オーストラリア・ニューギニアに続いて日本本土と琉球の各島への連続的な移住成功だった。これがすべて漂流の結果なら、「5万〜3万年前に無数の舟が流される大漂流時代が始まり、人々は数え切れない犠牲を払いながらもかろうじて新天地に広がった」という話になってしまう。このように、漂流説をきちんと検討すると、その非現実的な側面が浮かび上がってくる。

それでも、「漂流説の難点はわかりましたが、旧石器人が意図的に航海をしていた証明には至っていませんよね」と食い下がる意見があるかもしれない。しかし次に示すように、彼らが航海していた証拠が、日本列島にある。

旧石器人の航海の証拠――島から黒曜石が運ばれた

黒曜石は、マグマの噴出に伴ってできる天然のガラスである。ガラスなので、割ると鋭利な刃物になる。そこで旧石器人は、この石を槍先や切削具の素材として好んで使った。

この貴重な石の産地は、北海道の白滝、長野県の和田峠、島根県の隠岐島、佐賀の腰岳など、日本全国で数十箇所知られている。旧石器人はそこで石を集めて徒歩で生活の場へと運んだが、その移動距離は数十キロメートルから、ときに300キロメートルを越えることもあった。なぜそんなことがわかるかというと、黒曜石は産地ごとに独特の化学組成を示すので、遺跡で見つかった黒曜石の成分を調べれば、元の産地を特定できるからだ。

池谷信之（明治大学）らは、長年この分析を広範囲に実施してきたが、その結果から意外なことがわかってきた。静岡県東部、南関東、信州に至る多数の旧石器遺跡の出土品に、伊豆七島にある神津島産の黒曜石が交じっていたのだ（図2-7）。神津島は、旧石器時代の当時も島で、伊豆半島からの最短距離は、海面が80メートル下がった4万～3万年前でも40キロメートル近くあった。つまり旧石器人は、海の向こうにある黒曜石を運び込んでいたのである。

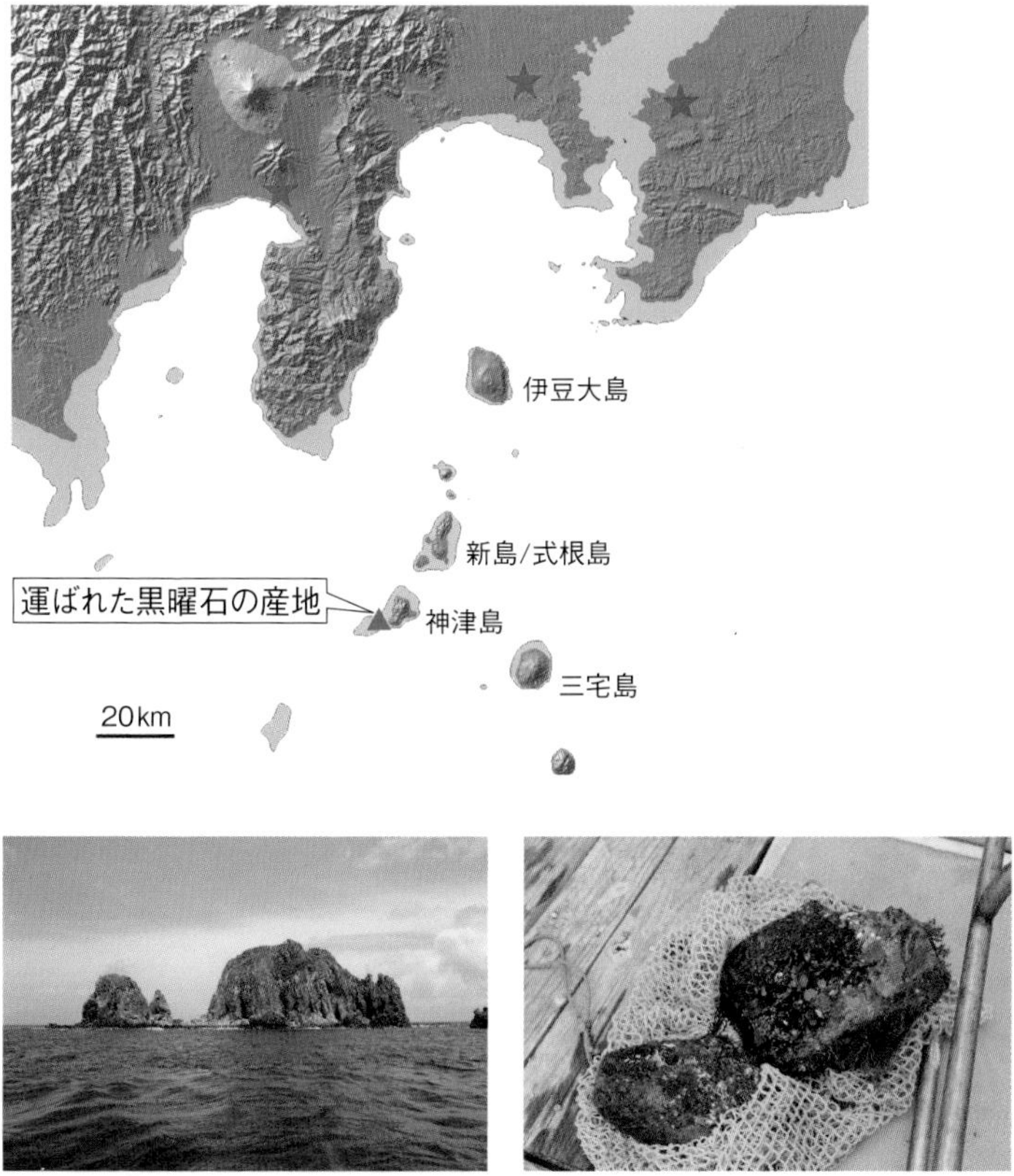

図2-7　旧石器人が運んだ神津島の黒曜石

（上）神津島の沖にある恩馳島付近（▲）で産出する黒曜石が、本州島の旧石器遺跡（★）から見つかっている。グレーの領域は当時の海面低下により陸化していた部分。（下）恩馳島（左）とその付近の海底から採取した黒曜石（右）。黒い部分が黒曜石の表面で、色がある部分は付着した海藻など〈GeoMapAppで作図（上図）、撮影：筆者（下写真）〉

これは、世界最古の往復航海の証拠であると同時に、世界最古の意図的航海と断定できる貴重な証拠だ。片道の渡海だと多少なりとも漂流を疑う余地が残ってしまうが、往復して有用なものを持ち帰ったとなれば、漂流ではあり得ない。彼らは計画して神津島へ舟を出し、目的の石を採集して持ち帰っていた。このように島間でものを動かした証拠は、世界の他の地域では、2万年前頃まで知られていない。

神津島産黒曜石の動きでもう一つ気になることがある。静岡県沼津市にある井出丸山遺跡から、多数の神津島産黒曜石が発掘されたが、その一部が約3万8000年前の地層から見つかった。これは、朝鮮・対馬海峡経由で日本列島へホモ・サピエンスが移住してきた年代と同じだ。どういうことなのだろう。

説得力のある説明は、一つしかないように思う。彼らは列島に入ると同時に、良質の石材などを求めて、本土と近くの島をくまなく探検していたのではないだろうか。そのとき、彼らが伊豆地方に来てから航海技術を開発して神津島へ渡ったというのは、考えにくい。当初から、つまり朝鮮・対馬海峡を渡ったときから、彼らは航海者であったに違いない。

神津島は、天気がよければ伊豆半島から目視できる距離にある。ただし現在の神津島周辺には黒潮の分流が入り込んでいて、渡るのは容易でない。この島が釣り人に人気なのは、複雑な潮流がぶつかり合ってよい漁場となっているからだそうだ。ただし現時点では、3万年前のこの海域の状況は明らかでないので、将来の研究に期待したい。

どのような舟で渡ったのか

「最初の日本列島人は航海者だった」という根拠を示してきた。では琉球列島へ最初に渡った旧石器人は、どのような舟を使ったのだろう。

3万年前の舟は、世界のどこからも発見されていない。古代舟は植物素材などで作られるため、遺跡に埋もれてもすぐに朽ち果ててしまうからだ。それを見つけたら大発見だが、仮に舟を発見できても、それが航海に使われたのか、あるいは別の用途に使われたかを判別するのは難儀だろう。そのため、3万年前の舟については、少し回り道をして追究する必要がある。

琉球列島への航海再現を目指す私たちのプロジェクトでは、旧石器時代のこの地域にあり得る舟の候補を絞り、それらを順に作り、テストすることにした。つまり消去法だ。

まずどんな候補があるかだが、世界各地の例を見渡すと、これまでにホモ・サピエンスが発明した水上航行具がいかに多様であったかがわかる。

もっとも原初的なのは単体の「浮き」だが、浮く素材を束ねると「筏《いかだ》」になる。筏の素材には、木や竹のほか、樹皮、蓋をした土器、あるいは家畜の皮に空気を入れてふくらませた浮きも使われた。水に浮くタイプの草を束ねて作る〝葦舟《あしぶね》〟も、この定義に従えば筏の仲間だ。筏が利用されるのは多くの場合川や湖だが、沿岸であれば海で使われることもあり、特に竹筏と葦舟は、アジアや南米の海で漁労などのために積極利用されていた。

狭い意味での「船」は、中空で水を通さない単体の船殻を持つものを指し、その中で小型のものは、「舟」と綴《つづ》る。原初的な舟の一つに、一本の丸太をくり抜いた「丸木舟」（単材刳《たんざいく》り舟《ぶね》）があるが、文明以前に存在した舟はそれだけではない。大木の樹皮を大きく剝がし、それを折り込んで作る「樹皮舟《じゆひぶね》」というものが、オーストラリア、ボルネオ、北東アジア、南北アメリカ大陸などで作られていた。軽くて優秀な舟だが、耐久性に難があり、海での利用例は限られている。一枚の大きな樹皮を剝ぎ取れる木が必要で、たとえばオーストラリアではユーカリが、北方では白樺の木が利用された。

動物の皮を使う「獣皮舟《じゆうひぶね》」というものもある。木などの枠組みを皮で覆って船殻を作るのだが、皮の縫合と継ぎ目の防水処理がうまくできるかがポイントだ。北極圏で発達したカヤックやウミヤックは、アザラシの皮を使い、海で抜群の機動力を発揮した。北西ヨーロッパの川や海でも、ローマ時代から獣皮舟が使われていたらしい。獣皮舟はアラビア半島からアジア内陸部、朝鮮半島でも記録があるが、海での積極的利用は北極圏周辺域に偏っている。インドには竹のフレームに水牛の皮を張ってタールで処理した笊《ざる》型の獣皮舟があり、川で使われていた。

その他の変わり種としては、バングラデシュには1人乗りだが「土器の舟」があり、川や氾濫原を渡るのに使われることがあったという。ベトナムには、竹を編んだ笊の目にアスファルトなどを塗って防水処理した「笊舟《ざるぶね》」というものがある。最近では、これにエンジンをつけたものが沖にも出ているようだが、やはり耐久性に難があるためか、本来の利用域は川と、海の沿岸に限

図2-8　実験プロジェクトで検討する３つの水上航行具

（上）南米チチカカ湖の草束舟（トトラ舟）。（下左）台湾アミ族の竹筏。（下右）ケニアの丸木舟〈撮影：門田修（上、下右）、筆者（下左）〉

られていた。

以上は最近の民俗例だが、次に遺跡の証拠を見てみよう。

発掘された世界最古の舟は、ヨーロッパ（オランダ、フランス）や東アジア（中国、韓国、日本）で見つかっている、1万〜7000年前頃の丸木舟だ。丸木舟はその後、舷に板を足して大型化させた準構造船、さらに船体をすべて板材にした構造船へと発展していくが、日本列島に板張りの技術が入ってくるのは弥生時代以降で、縄文時代の最先端は丸木舟であった。したがって当地域の旧石器時代の舟は、丸木舟を越えない何か、ということになる。

私は南山大学の海洋人類学者である後藤明さんらと検討を続け、旧石器時代に沖縄ルートを航海した舟としてあり得るのは、草束舟《くさたばぶね》、竹筏舟《たけいかだぶね》、丸木舟《まるきぶね》のどれかであろうとの結論に達した（図2-8）。これらは皆、①技術的に縄文時代の丸木舟を越えない、②海で使われた例がある、③地元に適当な材料があって過去に作られた何かしらの痕跡がある、という3つの基準を満たしている。現在の台湾と琉球列島でアスファルトやタールは産出せず、先史時代に使われていた痕跡もないので、仮に獣皮舟や笊舟の発想があっても防水処理が難しかっただろう。

なお、私たちがこれから作る葦舟・竹筏については、筏ではあっても舟のかたちに仕上げるので、それぞれ「草束舟」「竹筏舟」と呼ぶことにする。

次章から始まる実験では、これらの舟を実際に作り、④3万年前の道具で製作できることと、⑤琉球の海で機能すること、の2点を確かめる。すべてのテストに合格した舟が、3万年前の航海舟の最終候補として残り、私たちは、その舟で台湾から与那国島を目指す実験航海に挑戦することになる。

風で進むか、手で漕ぐか

舟の製作実験に入る前に、もう一つ解決しておくべきことがある。帆をつけるかどうかだ。

２０１６年２月に草束舟の実験計画を公表して以来、私のところには、「難関の海峡を漕いで渡るのは無謀かつ不可能で、帆がなければ島へは渡れなかったはずだ」という意見がいくつも寄せられていた。しかし証拠に照らしてじっくり検討すると、どうしてもそれとは反対の結論が導かれるのである。

日本の縄文時代の遺跡からは、多数の丸木舟と木製の櫂《かい》が見つかっているが、そのどこにも帆があった証拠がない（図2-9）。弥生時代の土器に描かれた舟や古墳時代の船形埴輪《はにわ》も、櫂を使った漕ぎ舟である（図2-10）（註2）。「風を自在に使いこなす本格的な帆船技術」が日本に導入されたのは5世紀以降の歴史時代からというのが、日本の古代舟研究者の一般的な考えだ。

世界の考古学においても、本格的な帆の使用は数千年前からというのが常識となっている。他地域に先駆けて造船技術が発達した古代エジプトでは、５１００年前頃の原始王朝時代からマストに四角い帆がついた舟の絵が現れるが、その前の新石器時代終末に当たる５５００年前頃の図像は、櫂による漕ぎ舟だ。これに少し遅れて地中海東部、ペルシャ湾、インドで帆が出現した。

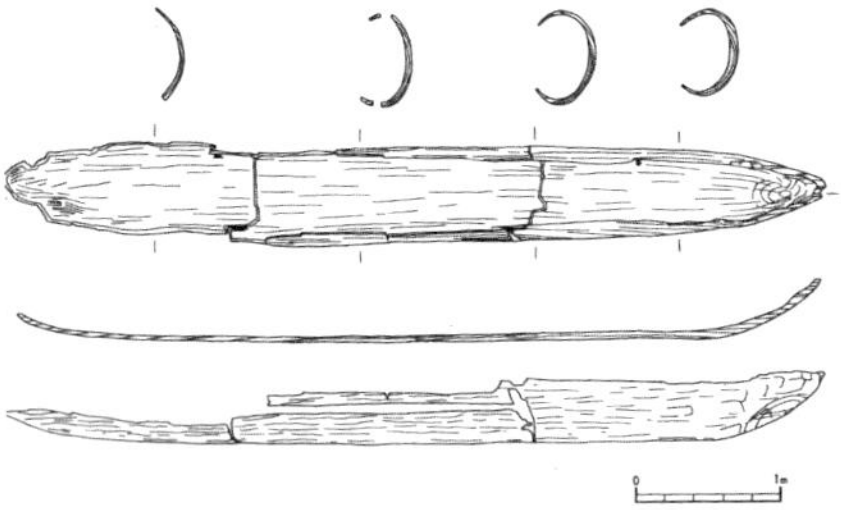

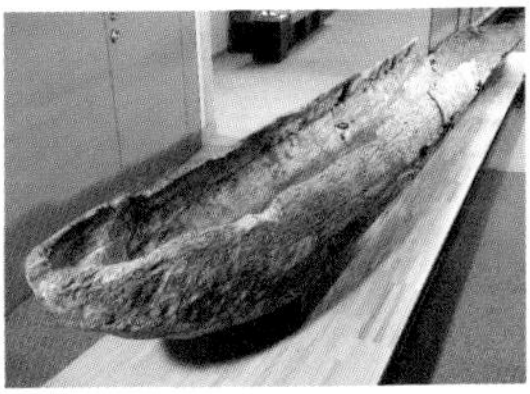
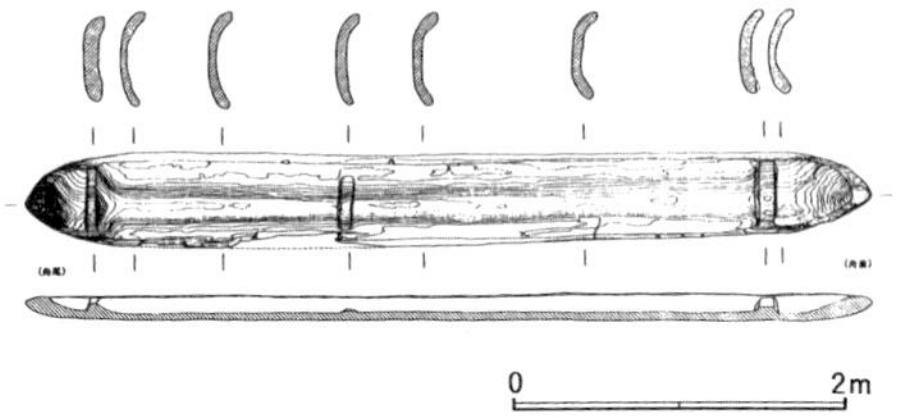

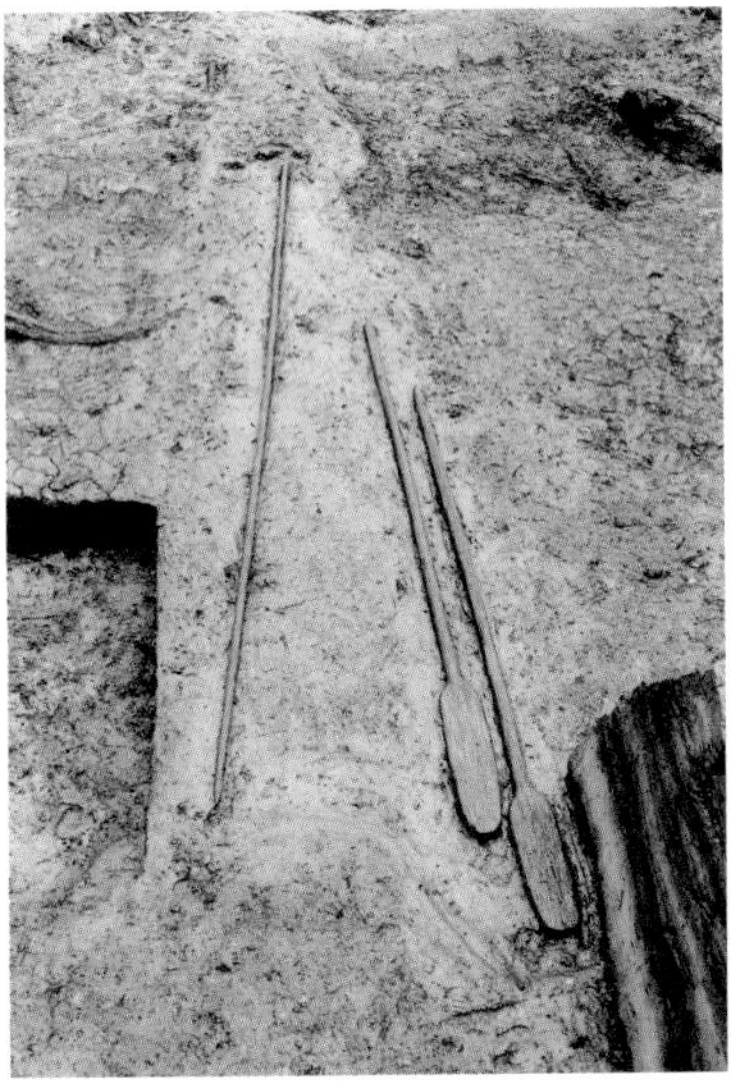

図2-9　縄文時代の丸木舟と櫂

(上) 東京都中里遺跡の約5400年前の丸木舟。(中) 福井県ユリ遺跡の約4000年前の丸木舟。(左) 島根大学構内遺跡の櫂〈提供：北区飛鳥山博物館（上：写真撮影は筆者)、若狭三方縄文博物館（中)、島根大学総合博物館（左)〉

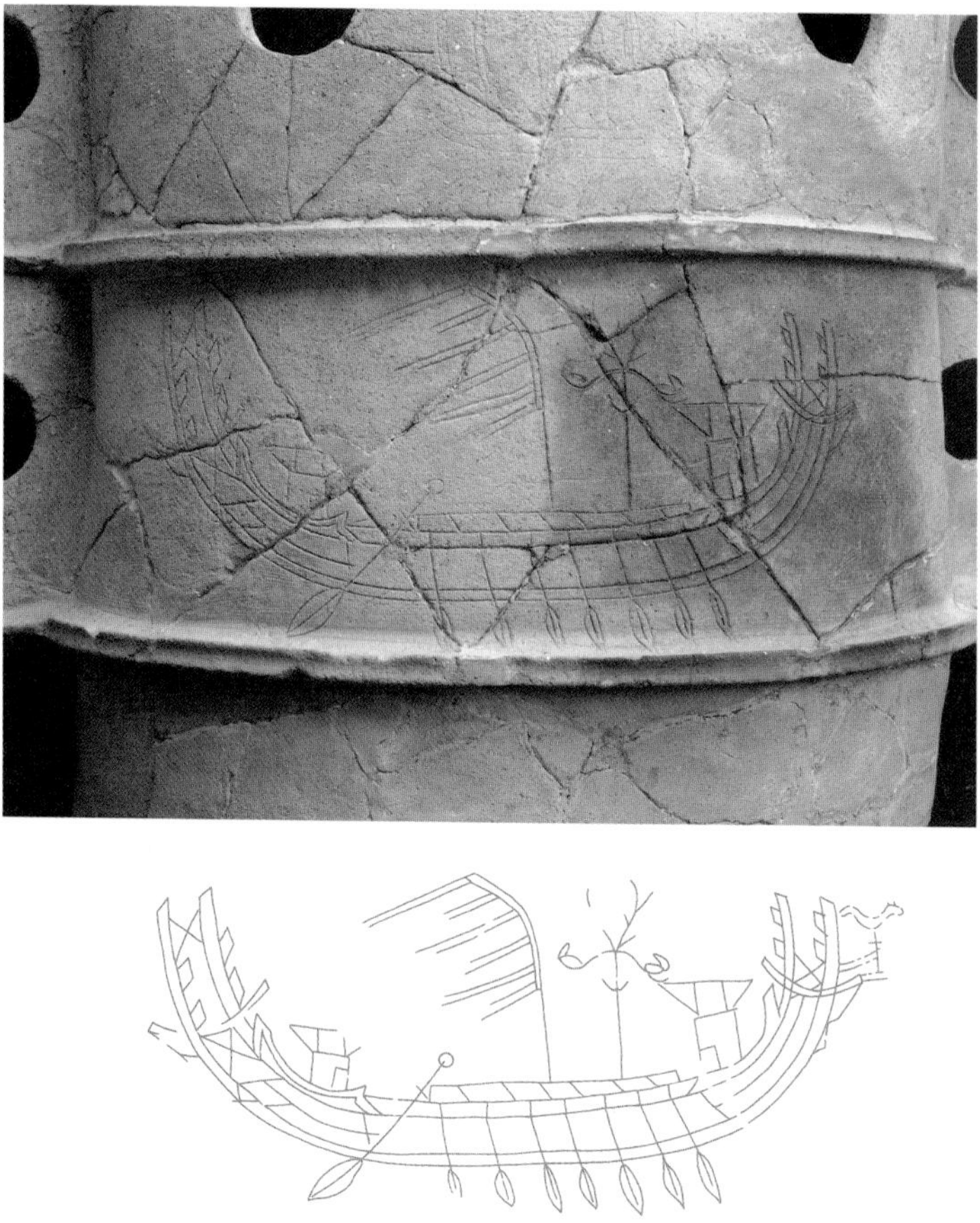

図2-10　古墳時代の舟

奈良県東殿塚古墳の3～4世紀の円筒埴輪に描かれた準構造船。7本の櫂と固定されていない大型の舵櫂が描かれている。船上にある構造物のうち、中央のものは帆ではなく装飾用の幡と解釈される〈提供：天理市教育委員会〉

アジアでは、3500年前頃からミクロネシアやメラネシアへ向けた本格的な太平洋進出が始まるが（40ページ図1-6）、これはおそらく、当地における帆走カヌーの出現と関連している。

なぜ帆走の歴史がかくも新しいかは、その意外に複雑な仕組みに理由があるのだろう。

追い風が吹き続ける状況なら、単純な帆で風下へ進める。しかし風は人間の希望とは無関係に変化するものだ。その状況で帆走するには、風の受け方を随時変えられる可動性のある帆がまず必要で、さらに風で横方向に流される力を打ち消すための、新しい構造が必要となる。船体に固定された舵か、ヨットなどであれば船底から水中に突き出ているセンターボードがその役割を果たすのであるが、このように帆と船体の改造をセットでおこなわないと、自由な帆走はできない。

漕ぎ舟と帆走舟が別物であるという認識も大事だ。漕ぎ舟では細長い船体のほうが速度は上がるが、帆船の場合は横揺れに耐えられるよう船の幅を広げたい。だから前者が発展すれば後者が生まれるというようなものではないのだ。

このように見ていくと、人類が数万年前から風で航海していたという仮説は、強引な推測ではないだろうか。

折りたたんだ簡易な帆を舟に備え、風向きが良いときだけ一時的に上げたということならあってもよい。しかしその技術段階で風に頼ろうとするのは、結局のところ漂流であり航海ではない。とくに、台湾の東側の海上では西風が吹かず、従って追い風で与那国島を目指す作戦は成立しないことに留意したい。３０００メートル級の山々が連なる台湾の巨大な陸塊が、西からの空気の流れを遮断してしまうのだ。

風を推進力に変換する高度な技術が生まれる前に、もっとも頼りになるのは、人が漕ぐことだった。だから３万年前を考えるとき、最初から「漕げるわけない」と決め付けるのではなく、漕いで渡った可能性を受け入れるべきだろう。それを海の上で実証するのが、このプロジェクトの目的となる。

これで実験の基本プランが整った。これから草・竹・木の舟を候補として実験し、３万年前の祖先たちが琉球の海で使った舟を探り当てよう。その作業を進めていく中で、この地域の海と古代舟の航海についても、私たちはたくさんのことを学べるはずだ。


註2）岐阜県の荒尾南遺跡で見つかった弥生時代の土器に、80本以上の櫂が突き出た大型船と、帆のように見える表現がある2艘の小舟が描かれている。ただしこれが帆と断定できるわけではない。

2016 年 7 月 17 日、与那国島から西表島を目指す 2 艘の草束舟〈以下、章扉写真撮影：筆者〉

第3章 草たば舟 ――原始の舟の潜在力

３万年前の航海舟の第一の候補は、人類最古段階の舟の一つとされる、草を束ねた舟。与那国島での製作実験に参加した誰もが、その勇姿と浮力と安定感に驚き、魅了された。では、この舟を漕いで海を渡れるか――それはやってみなければわからない。

古事記にも登場する草束舟

ここでいう草を束ねて作る舟は、一般的には「葦舟《あしぶね》」と呼ばれている。実際にはアシに限らず、湿地に生えていて浮力のあるさまざまな草が使われているので、ここでは「草束舟《くさたばぶね》」と呼ぶことにする（ただし文献を引用するときは「葦船」などの表記も混ぜて使う）。浮く物体を束ねて作るという意味では筏《いかだ》に分類されるので、専門家は「草束筏《くさたばいかだ》」と呼ぶ場合もあるが、今回の「3万年前プロジェクト」では、舟のかたちに仕上げることを強調するために草束舟とした。

草束舟は、かつては世界各地で作られていた、かなり普遍的な舟だ。南米チチカカ湖で最近まで使われていたトトラ舟は、カヤツリグサ科のフトイ（現地名トトラ）を材料とした。古代エジプトには、〝パピルス紙〟で有名なパピルスを束ねたパピルス船があった。そのほか、アフリカ各地、中国、タスマニア、ニュージーランド、南北アメリカ大陸西側の海岸や湖などで、こうした舟が作られたとの記録がある。日本での実用の記録はないが、古事記の一節に葦船が登場するし、藁の船が各地の行事に登場するので、かつては作られていたことがあるのかもしれない。

草束舟の製作には、草やツルを切断する貝殻や石のナイフが必要だが、そのほかさして特別な道具はいらない。製作方法も、草を乾かして束ねるという比較的単純なものなので、人類が発明した最古段階の舟の一つとみなされることが多い。

――と、専門書に書かれていることをまとめると以上のようになるのだが、これだけでは、草束舟が本当のところ何なのか、まだイメージが湧いてこない。どうしてそれが浮くのか、草がどれだけ人を乗せられるのか、舟としてどれほど機能するのか……。すべての答えは、これを実際に作って海に浮かべたときに、見えてくるだろう。

ヒメガマ舟を作ってみる

実験の舞台となる与那国島で草束舟を作れることがわかったのは、プロジェクトがまだ準備段階にあった2013〜2014年のことだった。名古屋でおこなった研究会の席で、世界各地の古代舟に詳しい南山大学の後藤明さんが、与那国島で目にしたヒメガマという草で舟が作れるのではないかと言い出し、早速、その次の夏に現地で試すことにしたのである。

ガマ科のヒメガマは湿地に生える多年草で、成長すると人の背丈を上回る2メートルほどになる（図3-1上）。熱帯から温帯に広く分布し、北海道から琉球列島に至る日本列島と台湾にも自生しているので、氷期で気温が下がっていた3万年前の台湾や琉球列島にもあったに違いない。与那国島は小さな島だが、地形上の理由で湿地が多く、ヒメガマが繁茂している場所がいくつかあった。地元の島民の間ではとくに利用価値を見出されておらず、〝沼地の雑草〟という扱いである。

ヒメガマ舟の製作を指揮してくれたのは、日本でただ一人の葦船職人である石川仁さんだ。彼は1990年代に、南米のチチカカ湖で葦船(トトラ船)に出会って魅了され、以来その職人かつ〝葦船航海士〟として活躍している。全くいいタイミングで、いいところに、いい人がいるものである。

2014年の夏、石川さんと後藤さんと私は、与那国島の空港に降り立った。島で我々を受け入れ、諸々のアレンジをしてくれたのは、与那国町教育委員会の村松稔さん。この後も、3万年前プロジェクトを最後まで支えることになる、キーパーソンの一人だ。

与那国の湿地には、ヒメガマ以外にも、フトイ(トトラ)が生えていた。石川さんによると、本当はそちらのほうが浮力があってよいそうだが、株数が少なく背も低かったため、大量に生えているヒメガマを選んだ。ほかの候補としてアシ(セイコノヨシ)とリュウキュウチク(ゴザダケザサ)も自生していたが、これらはヒメガマと比べると浮力が劣るので、使わなかった。

湿地での草刈りが始まった。村松さんが体験企画と銘打って、島の子どもたちも集めて手伝ってもらう。この実験プロジェクトは、こうしていろいろな人に関わってもらうことを大切にして

図3-1　ヒメガマを束ねる

（上）与那国島の湿地に生えるヒメガマ（2016年7月）。6～7月に茶色い穂をつける。（下）干したヒメガマを束ねる作業（2015年10月）〈撮影：筆者〉

いる。一緒に体験し、知られざる太古の祖先たちのことに、皆で思いを馳せるのだ。石川さんが生きている草に対して私たちの舟になってくれることへの感謝を捧げ、それから作業にとりかかった。

刈り取った草を集めたら天日干しにし、緑色が抜けて茶色に変色するまで何日か乾燥させる。刈り取ったばかりのヒメガマは、茎から水がしたたるほど水分を含んで重いが、乾燥させるとずいぶん軽くなる。刈ったヒメガマの断面を見ると、空洞が多数の部屋に仕切られた構造をしていて、それが、一本一本が水の上に浮く秘密であることがわかった。

乾燥したら、草の準備は完了。次の束ねる作業は、島の西端の久部良《くぶら》にあるナーマ浜でおこなうことにした。そこは天気がよければ台湾を望むことができる美しく快適な浜で、プロジェクトが予定する最後の実験航海では、台湾からここを目指すことになるはずだ。草を何で縛るかが問題だが、この試作段階では、工務店で販売しているシュロ縄やナイロン製ロープを使うことにした。

草束舟の組み立ては、作る舟の長さに合わせた細長い草束をいくつも準備するところから始まった（図3-1下）。そこで最初に両手で抱えられる程度の一束分の草を地面に置き、その先に一部重ねるように次を置き、さらにその先にも重ねて次を置いていって、必要な長さを確保する。そしてこれを一気に束ねて仮結びし、細長いソーセージのような草の束を作った。この作業にはコツと技があって、すべての草の根本が舟の前方に来るように揃え、かつその根本が束の中に巻き込まれて外に突き出さないようにしなければならない。茎がたくさん突き出していると危ないし、水中で水の抵抗を受けて失速するからだ。そのようにきれいに巻き込む技を、石川さんが教えてくれた。

そこまでできたら、次にこれらの仮結び状態のソーセージを、紐で強く締め上げて、圧縮して固くする。さらにこの細長いソーセージをいくつかまとめて、再び強烈に締め上げ、大きな固い束に作り変える。棒や石で草束を叩きながらこの締め上げをすれば、草が束内の隙間に移動してしっかりと圧縮されていく。こうして固く縛った大きな草束と、必要に応じて適度に細い草束がいくつか用意され、最終的にそれらをロープで強く締め上げて合体させることによって、船体が組み上がっていった。

草束舟の秘密はここにある。一本一本の草も水に浮くのだが、それをまとめて強烈な力で締め上げ、束の内部に気密性を持たせることによって、浮力を生むのだ。それゆえ、いかに草を配置し、それをどれだけ強く締め上げられるかが、できあがった舟の性能を大きく左右する。

個々の作業は単純なものが多いので、石川さんに教えてもらえば、皆で楽しくわいわいと舟作りをできるのも草束舟の魅力の一つだ。この２０１４年の試作は、島民の方々以外に、実習でたまたまそこへ来ていた明治学院大学の学生さんたちにも手伝ってもらった。その後の２０１５年秋におこなった2度目の試作では、実験プロジェクトのオリジナルメンバーである門田修さん（撮影班）、内田正洋さん（漕ぎチーム監督）、後藤明さんらシニアメンバーたちにも作業を手伝ってもらった（60歳以上のベテラン中心だったので休憩が多かった）。

しかし、ただ束にすれば舟になるというものではない。水上で機能するものに仕上げるには随所に工夫が必要で、それは経験ある職人にしか成し得ないものだと実感した。

製作を体験してわかったが、この場合の草束という個々のパーツ製作は、ネジのように規格化された部品作りとは質が違う。ここでは舟の完成形を頭に描き、そこまでの仕上がりを逆算して、そのために必要な個々のパーツは何か、と考えなくてはならない。

職人から教えられれば、製作の作業自体はできるようになる。しかしそもそも、浮く草を束ねるという発想に始まり、このような手順や技を思いついて舟にしたのは、いったいどこの誰なのだろう。草束舟は、専門書では原初の舟という単純な扱いになっているが、一つ一つの製作工程をみていくと、智恵と工夫がたくさん詰まっていることがわかった。

トウツルモドキ

２０１４年の試作段階では草束を縛るのにナイロンロープを使ったが、実際に3万年前の実験をするときは、古来の材料を使いたい。そこで地元の役場職員だった長濵利典さんらに、島に自生している植物で何がいいかと尋ねたところ、教えてくれたのがトウツルモドキだった。

これは東南アジアなどに分布し、琉球列島でも徳之島以南の島々を中心に見られるツル植物で、成長すると10メートル以上になる。長濵さんに先導されて山に入り、「それですよ」と言わ

図3-2　草束作りに利用したトウツルモドキ

（上）木に絡みついて成長する与那国島のトウツルモドキを引き下ろす作業。（下左）トウツルモドキを石で叩き切る実験。（下右）トウツルモドキを３つに割く作業〈撮影：筆者（上）、Danee Hazama（下２点）〉

れた場所で目の前の木を見上げると、上方へと伸びるいくつものツルが複雑に枝にからみついていた（図3–2上）。なるべく長いツルが欲しいので、その根本を引っ張ってできる限りたぐり寄せ、長濵さんが持参した高枝バサミを使って空中で切断すると、5〜7メートルほどのツルがいくつもとれた。

旧石器人はこんな便利な道具は持っていないが、その場で別途おこなった実験から、木に登って幹の上にツルを置き、鋭いエッジのある石を叩きつけるなどすれば、同様に長い繊維を得られることがわかった。

「こんなもの、もう見たくないですよ」と言いながら、長濵さんは収穫品のトウツルモドキを軽トラックに積み込む。50年ほど前に自身が子どもだった頃、遊んで家に帰るときは山で薪《たきぎ》になる枝を拾い集め、トウツルモドキで結わえて持ち帰るのが日課だったのだが、それが嫌で嫌で仕方なかったそうだ。

採取したトウツルモドキは割いて、中の白い部分をナイフで削り取り、皮の部分だけを使う。そのためにはツルを半割とか4分割ではなく、3分割できるとちょうどよかった。私はツルをどうやったら3分割できるのか思いもよらなかったが、島の若手民具製作者である與那覇有羽《よなはゆう》さんが、その技を教えてくれた。ナイフで端を3等分する切り目を入れたら、そのうちの1つを右手に、2つ目は左手に、そして3つ目は口にくわえ、両手を広げるようにして一気に割く。その後も具合を見ながら両手で反対の端まで3つに割いていくのだが、均等に力が加わるようコツをつかむと、途中で切らさずにうまくできるようになった。

そうして準備されたトウツルモドキの繊維は、なかなか優秀だ。もちろん、あまり強烈に引っ張ればちぎれるが、草束を縛り上げるのには、安心して使える素材だと感じた（89ページ 図3-1下）。

草束舟の意外な魅力

2014~2015年にかけ、私たちは与那国島でサイズとかたちの異なる3つのヒメガマ舟を試作した（図3-3）。そして久部良《くぶら》の湾内でそれらをテストしたが、その結果は、よい意味で予想を裏切るものだった。

「草の舟では沈んでしまう」という一般の予想と逆で、この舟（厳密には筏だが）はまず沈まない。一本一本に浮力のある草が強固な束としてまとまると、水上で何人もの人間を支えられるしっかりした浮力体となった。

ただし草の束なので、どうしても少しずつ水を吸って浸水が進む。そして時間の経過とともに、水のかたまりと化していくのが、この舟の運命だ。そうならぬよう、使ったら陸揚げし、できれば解体して草を乾かしたほうがいい。そのほか、害虫やカビを防ぐことも、維持のうえで必要になる。

そしてもう一つ予想と異なったのは、草束舟はとても安定しているということだ。多少の幅を

図3-3　与那国島で試作したヒメガマ舟

(上) 2014〜2015年に試作した3艘のヒメガマ舟。(下) 帆を使うテスト (2015年10月)。小さな帆は有効に機能せず、かえって舟のバランスを崩した。手前で作業するのが石川仁さん。奥は内田正洋さん〈撮影：筆者〉

持たせるだけで、ボートと違ってひっくり返る心配がない。その理由は、船体が柔軟なため波のある水面上でも適度にしなり、さらに船底部が水を吸って重くなるため水上で安定することにあった。

このように沈まず転覆しないことは、乗る人に大きな安心感を与えてくれる。これに加えて草の上に座るのが心地よいことも、この舟の魅力だった。では、3万年前の航海を考えるなら、草束舟はどれくらいの大きさにするのがいいだろう。

小型の2人乗りくらいのほうが、機動力があっていいとの考えもあった。しかし小さく細く作ると安定性に影響が及び、そもそも小型のヒメガマ舟にさして機動力があるわけでもないことがわかった。海峡を越えて男女の集団が移住するなら、1艘に5人以上は乗れる舟としたい。そこで実験に使う舟は、ある程度の大きさにする。

草刈りで感じた祖先たちの「海への想い」

2016年4月、第1回のクラウドファンディングに成功して活動資金を得た私たちは（45ページ参照）、ついに念願の実験を始動できることになった（表3-1）。この年に計画したのは、与那国島で5人以上が乗れる草の舟を2艘作り、それで西表島《いりおもてじま》を目指すテスト航海をおこなうことである。

私たちは昨年までの試作で、6メートル級のヒメガマ舟なら5人を乗せる十分な浮力を得られることを確認している。今度はそれを外洋で試し、隣の島まで航海できるかを確認する番だ。

西表島は、与那国島から東南東65キロメートル（最短距離）の海上にあり、天気がよければこちらから見える。ヒメガマの漕ぎ舟でそこに到達できるだろうか。舟はどれだけの速度が出て、島まで何時間ほどかかるのだろうか。必ず体験することになる夜の航海は、どんなふうになるのだろうか……。すべては実験してみないとわからない。

私たちは島の海人《うみんちゅ》（沖縄の言葉で漁師など海に関わる人）の意見を聞き、テスト航海の時期を、ここの海が比較的落ち着くという7月上旬に設定した。それまでに舟を作らなければならないので、なかなか慌ただしいスケジュールだ。クラウドファンディング成功の翌日から行動を開始し、5月中旬からの1ヵ月で草刈りと天日干しをおこない、6月下旬から舟作りに入ることにした。

この作業を通じて改めて実感したのは、1艘の草束舟を作るのに要する労力が、なかなかのものだということだった。

まず、1艘分だけでも大量の草が必要である。おおよその量だが、今回のテスト航海用の舟1艘には、直径30センチメートルほどの草の束を100〜120使った。それをすべて刈って、運んで、干すのは、相当の作業だ（図3-4）。正直に告白するが、このときの私たちの実際の作業量は、想定される祖先たちの作業量にはまったく及ばない。

私たちは、貝殻や石器などの旧石器時代の道具で草が刈れることを実験で確認したあと、実際の草刈り作業は、時間短縮のために鉄のカマでおこなった。腰を深くかがめて草の根本に貝殻を

表3-1 2016年の草束舟の実験スケジュール	
5月16日～6月29日	与那国島の湿原で草刈り、草の天日干し
6月30日～7月9日	草束舟の製作、練習舟での漕ぎ練習
7月8日	台風が与那国島に接近
7月14日	当初予定していた出航期限（3日間延長を決定）
7月17日	テスト航海（与那国島→西表島）

当てて切るのと、腰を少しかがめて柄の30センチメートル先についた鉄の刃をすっと引くだけとは大違いで、人類の鉄の発明に感謝しながらの作業となった。湿地から作業場まで、草を運搬するには軽トラックを動員したが、このときも現代技術のありがたさを痛感した。大量にある草の天日干しがまたたいへんなわけだが、それは地元の村松稔さんらが一手に引き受けてくれて、とても助かった。

私自身はインドネシアなどで人類化石の調査を長年おこなってきたこともあり、暑い現場には比較的慣れている。それでも、亜熱帯の太陽が照りつける中でのこれらの作業は、なかなかきつかった。まだ草束舟が3万年前の航海舟に決まったわけではないが、草・竹・木の中でももっとも原初的と思われるこの舟でさえ、これだけの苦労がある。しかし一方で、私はそのつらさと反比例する不思議な爽快感も覚えていた。

まず、祖先たちがしたであろう作業の一つ一つを自分で体験してみるのは、純粋に楽しかった。さらにその苦労を

図3-4　ヒメガマを刈って干す

（上）与那国島の湿原での刈り取り作業。（下）刈った草を干す作業〈撮影：筆者（上）、Danee Hazama（下）〉

経験したときに、「少なくともこれだけのことをやらないと、海には出られない」ことに気づき、逆に「祖先たちは、そこまでして海に出たかったのか！」と悟った気がした。

現代の私たちが海に出たければ、誰かが用意してくれた船に乗ることになる。しかし最初にそれをやった祖先たちは、すべてを手作りした。その作業が辛いのなら、やらなければいい。海に出なくたって、ホモ・サピエンスは生きていける。なのになぜ、彼らはやろうとしたのだろう——これはプロジェクトの核心的問いだ。そしてこの「なぜ」に迫るには、彼らがしたことを一通り経験してみる必要がある。それなくして妄想するだけでは、彼らのことは永遠に謎のままであろう。

集まった漕ぎ手たち

草束舟の実験のために、総勢20人の男女の若者たちが集まってくれた（表3-2）。テスト航海の出発地（与那国島）と目的地（西表島）から参加を募ったほか、少数の招待者とボランティア参加者、という構成である。世にはいくつもの海峡横断を成し遂げたつわものの冒険者もいるが、そのような大ベテランはこのチームにはいない。それは「3万年前の祖先たちも初めて海峡横断に挑戦した」という部分を、大事にしたかったからである。「最初からわかっている」のでは発見がない。私自身も海の素人であるが、そういう者が見て体験して「何を学んでいくか」に、この実験プロジェクトの本質があると思うのだ。

表3-2　2016年の草束舟実験の参加者

プロジェクトスタッフ

海部 陽介（人類進化学者、国立科学博物館、プロジェクト代表）
三浦 くみの（国立科学博物館、プロジェクト事務局マネージャー）
川尻 憲司（国立科学博物館、プロジェクト事務局）
石川 仁（探検家・葦船航海士、ヒメガマ舟設計・製作監修）
内田 正洋（海洋ジャーナリスト、漕ぎチーム監督・安全管理担当）
後藤 明（海洋人類学者、南山大学）
池谷 信之（考古学者、明治大学）
洲澤 育範（カヤック大工）

漕ぎ手

どぅなん号（ヒメガマ舟1）（23～39歳　平均31歳）

入慶田本 竜清（与那国島・男、キャプテン）
村松 稔（与那国島・男）
大部 渉（与那国島・男）
佐藤 純（与那国島・男）
山口 晋平（与那国島・男）
内田 沙希（神奈川県・女）*, **
トイオラ・ハウィラ（ニュージーランド・男）*, **

シラス号（ヒメガマ舟2）（31～45歳　平均38歳）

赤塚 義之（西表島・男、キャプテン）*
碇 昌行（西表島・男）*
岡 弘幸（西表島・男）*
小渕 貴康（西表島・男）
清水 孝文（西表島・男）*
田中 耕太郎（西表島・男）*
中出 実希（与那国島・女）

漕ぎ手サポートメンバー

池間 有人（与那国島・男）
田中 雅洋（与那国島・男）
平野 麻紀（与那国島・女）
堀江 智成（与那国島・男）
鈴木 克章（静岡県・男）*
光菅 修（千葉県・男）

伴走船代表

真謝 喜八郎（入船エンタープライズ）

安全管理サポートスタッフ

高桑 秀明（うみまる）

公式撮影班

門田 修・宮澤 京子（海工房）、杉浦 由典、妹尾 一郎、Danee Hazama

※括弧内は居住地・所属・専門・性別などの情報。* シーカヤックガイド　** 古代ナビゲーション技能者

とはいえ本当の素人が漕いだら舟がきちんと動かないので、ここに集まったのは、少なくともある程度の経験者たちである。

西表島からの参加者は、内田正洋漕ぎチーム監督（兼安全管理担当）の呼びかけを発端に集まってもらった、シーカヤックのガイドなどを中心とする陣容。ただし舟漕ぎ経験の豊富な彼らにとっても、古代舟、外洋の海峡横断、夜の外洋航海などは初めての経験となる。

波が荒い与那国島ではシーカヤックは盛んでないが、島の人たちは、ハーリーと呼ばれる、沖縄伝統の年1回の漕ぎ舟レースに命を燃やしている。与那国島から参加してくれたのは、そうした若者たちだった。

テスト航海では、3万年前と条件を同じにするため、方位磁石や腕時計やGPSは持っていかない。夜間は星を頼りに方角を見定める古代の航海をしなければならないので、そうした古代ナビゲーションの技能を持つ2人を特別招待した。

短期間での少々無茶な呼びかけに応じてくれ、一緒に汗を流してくれた彼らには、改めて感謝したい。これだけの若者たちが旧石器時代の祖先たちの物語に魅せられて集ってくれたことを、私は純粋に嬉しく思う。

実験用の舟

葦船職人の石川さんは、西表島を目指す舟として、チチカカ湖型を参考にした全長6メートル級のものを作ることを提案してきた。大きな草束2つを合体させるこのデザインは、シンプルで速いスピードを期待できる。今回はそれに、船体表面を整えるもう一工夫を加えることにした。ふつうに草を束ねる工程では、どうしても一部の草が表面から飛び出て凸凹してしまい、これが水中でブレーキになる。そこで船体となる草束の表面を、整えて並べた新たな草の層で覆ってなるべく平滑にすることにした。ゴザでくるむような発想だ。

もちろん、日本列島にこのような舟が存在した証拠があるわけではない。手掛かりのない舟のデザインをあれこれ思案しても仕方ないので、ここは割り切って、〃ヒメガマ舟の潜在力を最大限引き出してみる〃ことにしたのだ。つまり、速くなるデザインにしてみて、実際にどれだけの性能を発揮するかみてみようと考えたのである。

「草束舟は水を吸うと遅くなってしまうから、海峡横断テスト用の2艘は当日まで進水させたくない」という石川さんの考えを尊重して、先に別の1艘を練習舟として作り、漕ぐ練習はそれでおこなうことにした。

草の準備ができた2016年の6月下旬から、漕ぎ手たちが続々と与那国島に集まってきた。3万年前の祖先たちは、舟を自作していたに違いない。だからこの実験でも、漕ぎ手たち自身が舟作りに参加する。その作業は、途中で島を襲った台風1号と、石川さん自身の思わぬ怪我でピンチを迎えた瞬間もあったが、最終的には皆の協力で3艘を無事完成することができた。

テスト航海用の2艘には、作り手でもある漕ぎ手たちが協議した結果、与那国を意味する「ど

図3-5　テスト航海用の草束舟を作る

（上）大きな2つの草束を合体させる作業（2016年6月）。（下）完成したヒメガマ舟。手前がどぅなん号で、奥がシラス号（2016年7月）〈撮影：Danee Hazama〉

うなん」と、目指す西表島の浜の名前である「シラス」という名がつけられた（図3–5）。これらの舟を作る作業が「楽しかった」というのは、参加者全員が口にした感想だ。

先に草刈りのたいへんさに触れたが、新しいものを生み出す喜びや、共通の目標に向かって仲間と作業する楽しさは、ときにつらさを越える。この共同作業を通じて漕ぎ手たちの間に団結心が生まれ、「西表島へ行くぞ」という気持ちが次第に高まっていく姿は、見ていて頼もしかった。

西表島への航海の戦略を練る

原生林の中にイリオモテヤマネコなどの希少動物が生息する西表島は、与那国島と比べると面積は10倍、最高峰の標高は2倍ある。与那国島の東側にある東崎《あがりざき》へ行けば、そこから西表島までの距離は65キロメートルで、天気がよければその島影が見える。この海に、私たちのどぅなん号とシラス号を送り出す。

海流というものは目に見えないので、丘の上から眺めているだけでは気づかないのだが、この海峡を満たす海水も動いている。気象庁が公表するデータを見ると、ここには与那国島の西側（反対側）を秒速1～2メートルで流れる黒潮本流は入っていないが、その影響が及んでいて、毎秒0・5メートルほどの北北東方向の流れが発生することが多い。この流れは、東南東の位置にある西表島を目指す進路と直行するため、私たちのヒメガマ舟も影響を受けるだろう。ただし海流は日々変動するので、いつも同じ影響を受けるわけではない。

ここをどう攻略するかだが、参考データとして、久部良湾内でのヒメガマの練習舟（長さ6・4×幅1・3メートル）の速度は時速3キロメートル（秒速0・83メートル）で、乗船者数を5人、6人、7人と変えて漕いでみたところ、漕ぎ手が多いほうがわずかに速度が上がることがわかった。そこで次のように海峡横断の予測とルールを定め、内田監督を中心に航海の戦略を練った。

・西表島までの航海は、30時間ほどかかるだろう。つまり必ず夜が一度は来る。
・3万年前にない方位磁石や腕時計やGPSは持たず、目標の西表島が目視できないときは、風やうねりや星から針路を探る古代航法で挑む。
・草束舟のキャプテンは安全のためにトランシーバーを持って伴走船と通信するが、緊急時以外で、伴走船から草束舟に位置を教えたり、進むべき方角を指示することはない。
・各艇に乗るのは、男女を含む7人とする。
・旧石器人なら漕ぎ手の途中交替はできないので、それを原則とするが、念のため伴走船には交代要員の漕ぎ手が控えている。
・潮の流れは北向きの可能性が高く、風も南から北へ吹いているので、北へ流されることをどれだけ防げるかがポイントとなる。そこで出航地は与那国島の南側にあるカタブル浜とし、出航後はできるだけ南東へ船首を向けて、南へ下る。

なお、推進具である櫂が重要だが、これは旧石器時代にどんなものがあったかまったくわからない。このときは、縄文時代のものを参考に、糸満市の舟大工である高良和昭さんが輸入材（米ヒバ）から作って提供してくれた。最後尾の1名は舵取り役で、少しブレードの大きい舵用の櫂を持つ。

2016年7月9日に舟が完成し、翌日には与那国式の勇壮な儀式でそれを祝ってもらった。その後カタブル浜に舟を移動して出航のタイミングを待ったが、7月8日に接近した巨大台風の影響で海が荒れていて、当初の予定期限の7月14日までの出航が絶望的となってしまう。しかしここで、仕方ないと諦められるものではない。皆で相談し、何とか各人の仕事のスケジュールをやりくりして、期限を3日延長することを決めた。そしてようやくその延長した最終日に、チャレンジの朝がやって来た。

草束舟の出航

7月17日の夜明け前、出航地のカタブル浜に着くと、暗がりに人が大勢いるので驚いた。その一部は、出航シーンを取材できずに何日も待たされ続けていた気の毒な報道関係者だったが、そのほかは、見送りのために来てくれていた多数の島民の方々だった。

チーム一行は感激しながら浜に下り、明るくなりかけた海の様子を観察する。しばらくしてシ

図3-6　西表島へ向かう2艘の草束舟

（上）左が出航直後のどぅなん号、右がシラス号。（中）外洋を航行するどぅなん号。（下）外洋を航行するシラス号〈撮影：筆者（上）、Danee Hazama（中・下）〉

ラス号キャプテン赤塚さんと、どぅなん号キャプテン入慶田本《いりけだもと》さんの招集がかかり、全員が舟のそばに集まった。台風通過後の荒れた海は、少しずつ落ち着きを取り戻していたが、その中で漕ぎ手たちが、今日の出航可能性について意見を交わす。

全員の考えがまとまり、「行きましょうか！」と、赤塚さんの号令がかかった。

3年以上かけた準備を経て、3万年前の謎に迫る古代舟の航海がようやく始まる。クラウドファンディング支援者をはじめ、本当にたくさんの応援者の気持ちを背負った出航を前に、いやがうえにも気持ちが高ぶった。

30時間分の食料と水を積み、出航態勢に入った漕ぎ手たちから、スマホと腕時計を預かる。そして石川さんが安全の祈りを捧げた後、ついにどぅなん号とシラス号が進水。軽く湾内で試走した後、6時53分に、西表島を目指す航海が始まった（図3-6）。

どぅなん号は与那国の漕ぎ手が主体で、シラス号は西表のシーカヤッカーが多いチーム。女性は各艇に1人ずつが乗っている（102ページ 表3-2）。2つの舟は、以下のようだった。

どぅなん号　長さ6・4m／幅1・3m　漕ぎ手の体重合計494kg
シラス号　長さ6・3m／幅1・4m　漕ぎ手の体重合計436kg

それぞれの舟に積まれた7人分の水・食料・櫂・救命具は合計で87キログラムほどなので、それぞれの草束舟は五百数十キログラムの人とものを運んでいることになる。シラス号に取り付けていたGPSの記録によれば、流れのない湾内での速度は時速3キロメートル（秒速0・83メートル）で、練習舟と同じスピードが出ていた。

この日の空は青かったが、雲が多く、目標の西表島は見えなかった。海が落ち着いてきたとはいえ凪《な》ぎではなく、風速5メートルほどの南風も吹いていて、絶好の状態というわけではない。それでも漕ぎ手たちからは「この日を待っていた」「西表島へ行く」という強い気持ちが滲《にじ》み出ていて、伴走船から見守る私たちも、内心これなら行けるのではないかという気持ちになっていた。

この先、出発地から75キロメートル先にある西表島を目指して外洋に出て行くわけだが、今回の航海は、その前に最初から難関が待ち構えていた。カタブル浜の出口には珊瑚のリーフが発達していて、海底が浅くなる地形のため、そのすぐ外に波が押し寄せている。その波に巻かれて舟が横倒しになり、岩に激突するようなことがあってはならない。

この時間帯は大潮の満潮に近く、水位は高かった。その中を2艘の草束舟が、波に向かって真っすぐ、しっかりと前へ漕いでいく。リーフの波が来るタイミングをよく見ながら、最初にどうなん号が、そして次にシラス号が無事にそれを越え、沖へと出て行った。浜から大きな歓声が上がり、私たちも思わずガッツポーズ。私を含むサポートチームはそれを見届けてから意気揚々と車に乗り込み、伴走船が待機している久部良港へ向かった。

こういうときは迷いが事故のもとになる。2艘の漕ぎ手たちは、確固たる自信を持って、このリーフに向かったという。

リーフを越えて外洋に出ると、波はまだずいぶん高かった。その中で2艘のヒメガマ舟は、水面に張り付くように動き、転覆する気配をまったく感じさせない。この何とも不思議な安定感が、草束舟の魅力だ。しかしこれだけの揺れを食らうと、乗っている人間はただでは済まされない。ここで漕ぎ手の一部が船酔いしてしまうという、アクシデントが起こった。

さらに、この日の与那国島の南側の海には、東へ向かう潮の流れが発生していた。その流れ自体は目には見えるものではないが、ヒメガマ舟が沖へ出て南下しようとするのが妨げられ、じわじわと東のほうへ流されていくことから状況を把握できた（図3-7）。

午前8時13分。出発地から4・2キロメートルの地点で、与那国島の人気ダイビングスポット〝海底遺跡〟がある新川鼻《あらかわばな》の南に到達した。そこを通過すると航跡が変化し、2艘は南東へ漕ぎ進もうとしているのに北東へ動いていった。

午前10時15分。出発地から12キロメートル。与那国島の東端を抜けたあたりでオキゴンドウクジラの大きな群れに遭遇。海に歓迎されているように感じられる和やかな場面だったが、このとき漕ぎ手たちは、予定航路より北へ流されていることに気づき始めていた。

島をまっすぐ離れているなら、振り返って背後に見える島のかたちは変わらない。しかしそれが、刻々と変化していたのである。

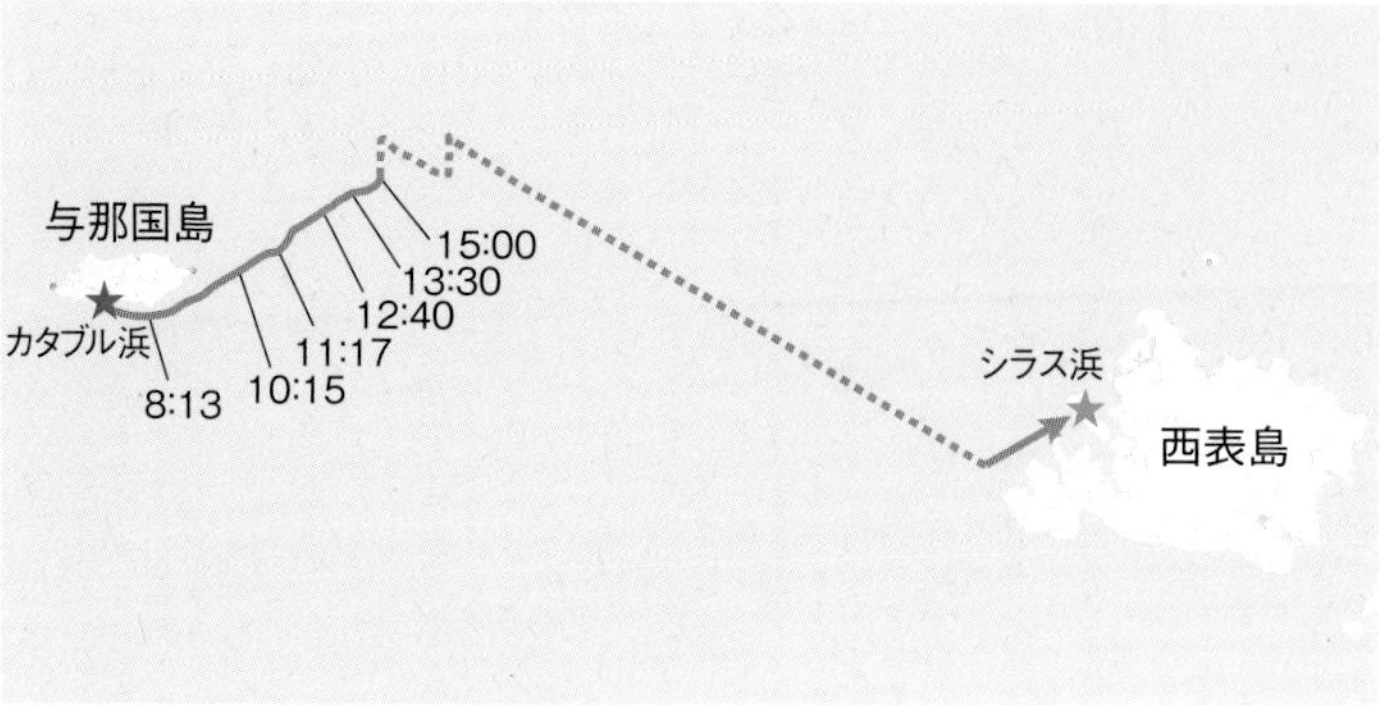

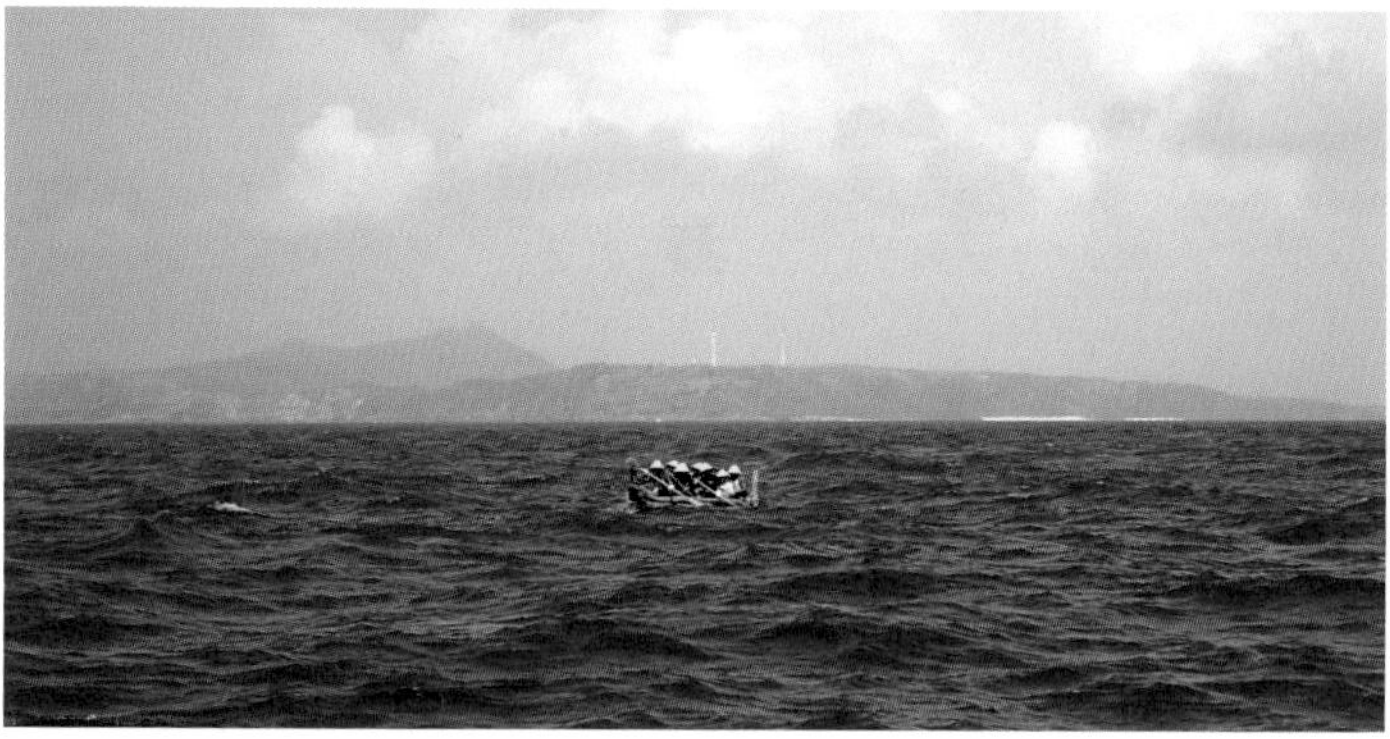

図3-7　草束舟のテスト航海

（上）シラス号の航跡。破線部分は伴走線で曳航した。（下）10時９分にどぅなん号の背後に見えた与那国島。灯台が中央にあり、島の北側の海岸が見えている。漕ぎ手は島の見え方を確認しながら海上での舟の位置を把握していた〈国土地理院の地図をベースに作成（上）、撮影：筆者（下）〉

目標の西表島は、あいかわらず薄雲の向こうで見える気配がなかった。その中で2艘のヒメガマ舟は、与那国島の位置、太陽、風向きなどを使って南東の方角を割り出し、そちらへと漕ぎ続けていたが、舟は目指す方向には進んでいなかった。

深まった謎

11時17分。出発地から15・6キロメートル。最初に船酔いしてしまったどぅなん号の1名が交替。一方で幸いなことに、ほかの多くの漕ぎ手たちは初期のダメージから回復して、元気に漕ぎ続けていた。

この頃ヒメガマ舟の位置は、かなり大きく北へ逸れていた（図3-7）。漕ぎ手たちは与那国島を振り返りながらそれを確認していて、なんとか位置の修正を試みようとする。しかし背後では、見えてはいけない与那国島の北側の海岸が、視野にどんどん広がっていた。

一方で、どぅなん号が遅れだした。その原因は、シラス号のほうが浮力が大きく（喫水線の位置からそうわかる）、漕ぎ手の体重が軽く、漕ぎ技術でも勝っていたことにあったのだろう。出航前の相談で2艇はなるべく一緒に動くことを決めていたので、シラス号は漕ぎをセーブしながら待ち、どぅなん号は追いつくためにほとんど休憩をとれない展開になった。

出発地から18・1キロメートル漕いだところで、12時を迎える。与那国島の東崎《あがりざき》から約10キロメートルの地点だが、与那国島が霞んでもう島のかたちが把握できない。相変わらず西表島も見えないので、草束舟は、海上での自分の位置を把握する手立てを失いつつあった。

12時40分。出発地から20・5キロメートルで、与那国島から東北東の海上。これ以上流されてはどうしようもないので、伴走船から位置情報を入れないという当初方針を撤回し、草束舟に北へ大きく流されている事実を伝え、位置修正を試みるように促した。視界不良により海上での位置把握が難しくなっていたので、仕方ない判断だったと思う。

13時30分。出発地から22・9キロメートル。漕ぎをセーブしていたシラス号から、「後方のどぅなん号を待ちながら漕いでいたら、潮の流れに負けてしまう」との連絡が入る。そこで、2艘出ていた伴走船が分かれて草束舟を1つずつ担当することにし、シラス号にはそこから自分たちのペースで漕ぐように告げた。解放されたシラス号は少し持ち直し、それまで北東へ向かっていた航跡が、その時点から東北東へ変わった。それでも、西表島がある南の方向へ下ることはできない。

15時。出発地から26・0キロメートル。シラス号の実力をしても、どうしても北へ流され回復を見込めない状況の中、私たちは苦渋の決断として、実験を中止し2艘を伴走船で曳航《えいこう》して西表島へ向かうことにした。

こうして私たちの草束舟の挑戦は、出発から8時間で終わった。

うまくいかないこともあると覚悟はしていたが、安定感がある草束舟は移住に適しているように感じていたし、そもそもこれほどの厳しい結果は予想外だったので、私は頭の中を整理できずにいた。西表島のシラス浜で待ち受けていた報道陣に漏らした、「謎が深まった」という私の言葉は、翌日の報道のタイトルになったが、それがそのときのストレートな気持ちだった。

3万年前の祖先たちは、どうやってこの海を越えたのか――この疑問に迫ろうと思っていたのが、押し戻されてしまった。

行く手を阻んだ意外なもの

ヒメガマ舟は西表島に近寄ることができないまま、リタイアとなってしまったが、なぜあれほど北へ流されたのだろう。航海中は腑に落ちなかったのだが、事後の分析でその理由が判明した。それは、ふだんならそこにないはずの黒潮だった。

海洋研究開発機構のスーパーコンピュータによる高精度海流予測システムで、7月17日の海流を調べたところ、この日の海流はいつもと違っていた。黒潮本流は、通常なら与那国島の台湾側を流れている。それがこの日は勢いを増して東へ拡大し、一部が与那国島にぶつかり、島の南側を抜け、私たちが通過しようとしていた与那国島〜西表島間の海峡に入り込んでいたのだ（図3-8）。

与那国島のカタブル浜を出たあと、ヒメガマ舟の南下を押さえ込んで東へ運んだ潮とは、まさにこれだったのだ。私たちの舟は、その後もこの流れにほとんど抵抗できずに、北東へと流されていった。加えて風速5メートルほどの南風も影響して、ヒメガマ舟は南へ下ることができなか

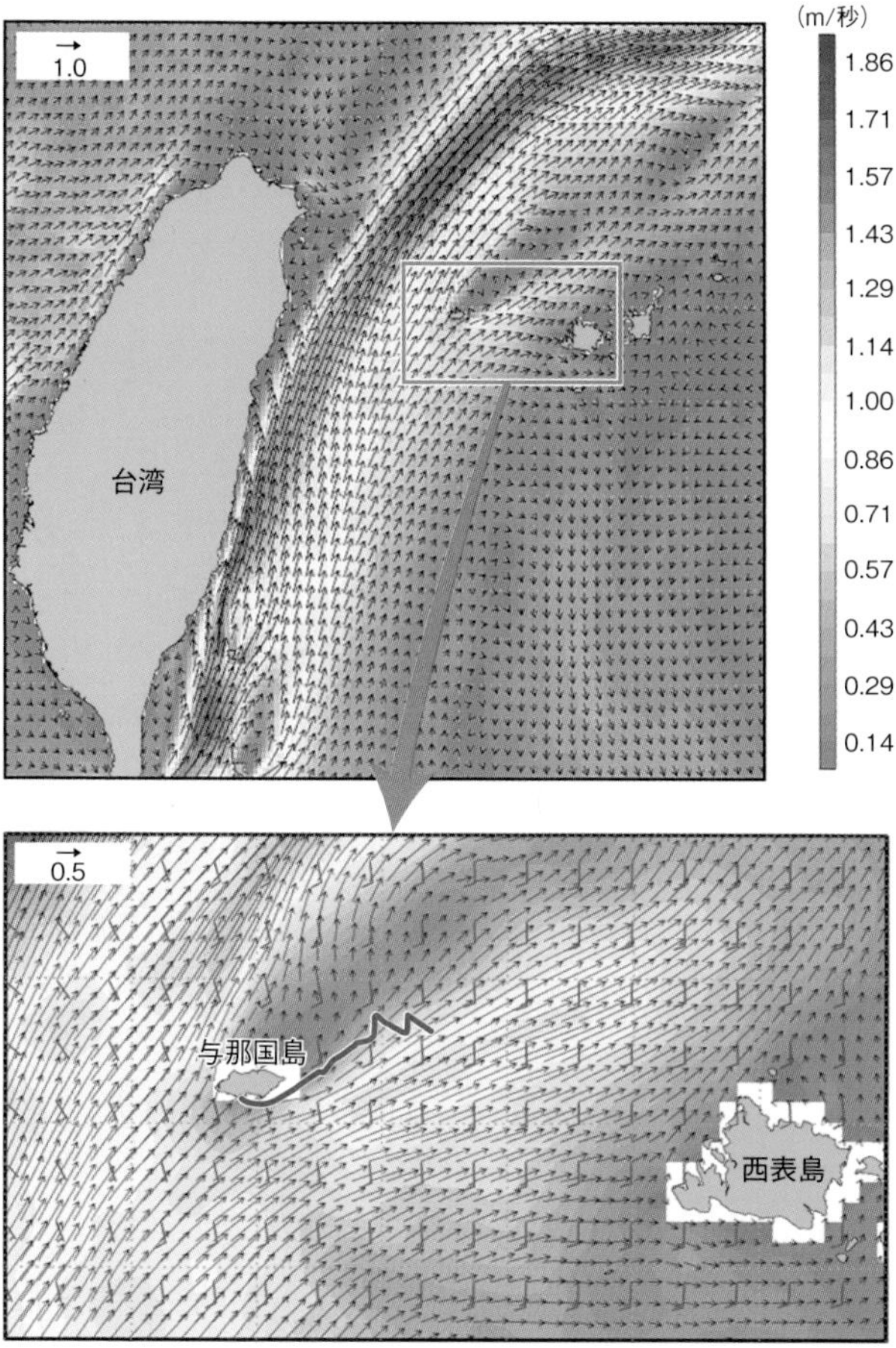

図3-8　テスト航海の日の海流

カラースケールは海流の速さで、黄色～赤が秒速1～2メートルの黒潮本流を示している。(上) 2016年7月17日の海流。黒潮が与那国島まで及んでいた。(下) 同日午前9時頃の与那国島周辺の海流とシラス号の航跡〈海洋研究開発機構JCOPE-Tの海流図をベースに作成〉

った。

こんな日でなければ、どぅなん号とシラス号はもう少し善戦できたに違いない。しかしこういう日もあるのが、現実の海ということだ。「不運だった」と総括してしまうのは、不適切だろう。

一方でこのデータは、私たちが把握していなかったヒメガマ舟のもう一つの特性も語っている。どぅなん号とシラス号を阻んだ流れは、最大で秒速0・6〜1メートルほどだった（註）。しかし私たちが最後に挑戦しようとしている、台湾から与那国島までの実験航海では、秒速1〜2メートルの黒潮本流と対峙することになる。1メートル以下の流れにつかまって漂流してしまう舟では、とても太刀打ちはできない。

今回のテスト航海は舟のテストでもあるので、私たちは流されているにもかかわらず、とにかく西表島を目指した。これが旧石器時代の本当の移住だったら、「今日は無理だ」と判断して与那国島に戻っていただろう。しかし潮の流れに逆らえない舟では、それも難しくなってしまう。

抜群の安定感で乗る者を安心させた草束舟だったが、遠い島を目指すという目的には難点を抱えていることが見えてきた。


註）この数字はスーパーコンピュータの予測値だが、海上保安庁が公表している実測値とも整合的で信頼性が高い。

私たちの失敗と、祖先たちの成功

私たちの最初の挑戦は、このように海の厳しさを思い知らされる結果となって終わった。しかし、それで落胆することはない。

一つ確かなことがあって、それは「祖先たちはこうした困難を乗り越えて島にたどり着いた」という事実である。今回私たちは失敗したが、それは私たちの計画に何かが足りなかったということだ。失敗の原因を探り、祖先たちがどうやって成功したか解き明かすために、次へ進みたい。

ただし私は、これがクラウドファンディングで大金を預かり、大勢の期待を背負っている実験だという事実に対して、とても重いものを感じていた。「自分は皆の期待を裏切ったのか？」と、自問自答もした。ところが東京へ戻って方々へ報告に行くと、意外なことに誰もがこの挑戦を称え、「次が見たい」と言ってくれる。ありがたい感謝の気持ちとともに、3万年前の謎に挑み続ける意欲がさらに湧いてきた。

失敗は、それを分析すればものの本質が見える機会となるので、いいことだ。ただしそれを活かし、最終的な成功につなげられるのなら。

私たちは海を渡ろうとして見事に失敗し、その難しさを思い知った。実験が終わった今、やるべきは、反省と次の行動計画である。

まず、海で命を預ける舟は、どうあるべきか。草束舟は安定感があり、浮力体としてとても優れている。しかし中程度の潮の流れに呑まれてしまい、自走力が弱い。また、少しずつ水を吸うので長持ちせず、大型のものは一度進水させたら重くて陸揚げできなくなる難点があった。また、１艘を作るのに大量の草が必要なため、これをいくつも作ることになれば、小さな島であれば素材が枯渇する。

結論として、舟製作は、次の可能性である竹筏舟に移るべきであろう。

漕ぎ手については、内田監督からもっと舟漕ぎのエキスパート中心で編成すべきだという意見が出された。たしかに、旧石器時代の移住者たちは自分たちの舟の扱いに長《た》けていたはずであるので、そのとおりだと思う。

それから海についてであるが、私たちは7月17日の日に、最後のチャンスとばかりに何も知らずに飛び出してしまったが、今思えばそれは浅はかだった。移住を計画する祖先たちだったら、いきなり島を目指すのではなく、まず舟を何度も沿岸で漕いで周囲の海をよく理解するところから始めたはずだ。私たちは、与那国の海を知らなすぎた。

ではこれからの計画だが、２０１７年は、プロジェクトの最終目標である台湾からの実験航海に備えて、活動の場を台湾に移すことにしよう。そこで台湾の海と、そして黒潮と、じっくり向き合おう。さらに実験航海へ向けて、経験豊富な漕ぎチームを作っていこう。

台湾の山で舟を作るための竹を探す

第4章 竹いかだ舟——最有力モデルの検証

次に検証すべきは、多くの研究者が人類最古の航海舟ではないかと推察してきた、竹の筏舟《いかだぶね》。その台湾での製作体験は、驚きの連続だった。私たちは完成した竹筏舟を、台湾の東側海域を流れる黒潮の上でテストする。そこでこの巨大海流のパワーを思い知らされる。

最古の航海舟か

人類最古段階の本格的海洋進出が始まったのは、インドネシア東部の海だった。そこで4万7000年前かそれ以前に、ホモ・サピエンスがオーストラリア大陸とニューギニア島へ到達したとき、彼らが使ったのはどのような舟だったのだろうか。本当の答えは誰にもわからないが、多くの人類学者が想定しているのが、帆をつけた竹の筏だ。実際にこのモデルでの実験航海も、現地でおこなわれている。

竹（ここではササを除く狭義のタケを指す）は、インド〜東南アジアの大陸とインドネシア・フィリピンなどの島嶼《とうしょ》からオーストラリア北部、そして中国南部から台湾に豊富に見られ、日本では西日本を中心に分布している。

竹は中空で水に浮くので、筏の材料として申し分ない。日本列島には、大型で筍《たけのこ》が美味しい孟《モウ》宗竹《ソウチク》が17世紀に大陸から持ち込まれたとされるが、それ以前から真竹《マダケ》という中型の竹が存在していた。大型で筏向きの竹がより豊富に存在する台湾では、東海岸に暮らす原住民（註1）のアミ族により、かつて実際に竹筏が作られ、海での運搬や漁に使われていた（註2）。

これらの状況を考えると、草に次ぐ3万年前の舟の第2の候補は、竹とすべきだろう。そこで私たちは、２０１７年から活動の場を台湾に移し、現地のアミ族の方々に協力してもらって竹筏を作ることにした。

新たな活動の舞台となった台東県は、台湾の南東部に位置し、漢民族のほかに原住民のアミ族、プユマ族、パイワン族らが暮らす地域である。私たちはここでしばらく実験を続け、数年後に、この地域のどこかから与那国島に向けて、何らかの舟を出航させようとしている。

註1）日本語では「原住民」に差別的意味合いが含まれるとの理由で「先住民」と呼ぶのが一般的だが、台湾では正式に「原住民」と呼んでいる。中文の先住民は「すでに滅んでしまった民族」を意味する。

註2）ただしアミ族の竹筏伝統の起源は不明で、清朝の記録に出てくる以前のどこまでさかのぼるのか確認できていない。ジャンク船のような帆がついたり立ち漕ぎであったりするそのスタイルは、比較的最近、中国から持ち込まれたという考えもある。

智恵と工夫が詰まったアミ族の竹筏

「アミ族の男だったら竹筏を作る。できなければ恥ずかしい」

台東県北部の真柄村に暮らすアミ族の長老から、私はそう教わった。その長老は80歳で、「ごろう」という日本名を持っている。日本統治時代を経験している世代なので日本語が達者で、より高齢な兄たちを代表して、私にアミ族が大切にする竹筏のことをいろいろ教えてくれた。

「竹なんていくらでもあるのだから、竹筏は簡単に作れるだろう」。私は当初そんなふうに思っていた。しかし現地で長老たちの話を聞き、さらに実際にそれを作る作業を見て、自分の大きな誤解に気づくことになる。

かつてアミ族は、台湾の東海岸で毎年竹筏を作り、春〜初夏に海に出てトビウオ漁をする伝統を持っていた。なぜトビウオか。聞けばこの季節に大群でやってくるので、安定した食料源になるためらしい。それを網で一網打尽にし、干して保存する。

彼らの竹筏の製作法は実に丁寧で、冬におこなう伐採から、前処理、加工、組み立ての工程が終わるまでに数ヵ月を要する。その工程の中には、海における1シーズンの漁に持ちこたえる耐久性を与えるための智恵と工夫が、詰まっていた。

私たちの航海プロジェクトでは、荒波の中で、少なくとも数日の航海に耐える舟が必要となるので、アミ族の丁寧な筏作りの知識を得られることは、たいへん幸運だった。このときすでに竹

図4-1　実験に使用した台湾の竹

台東県北部の静浦で見つけた極太の麻竹。右から２番目が竹筏舟を製作したラワイさん。３番目は筆者筏は化学素材のエンジン付き漁船に駆逐されており、その伝統文化は長老たちの記憶とともに消えつつあったが、彼らとの直接の会話に加え、台湾の台東大学の劉炯錫教授による詳細な調査記録があったお陰で、私はそれを知ることができた。そして劉教授の紹介で、アミ族のパワフルな職人ラワイさん（Lawayはアミ族の名で中国語名は頼進龍）に出会えたことで、その製作が可能になった。もうすぐ還暦というラワイさんは、竹筏で漁をしていた世代ではないが、伝統文化に興味を持ち、長老から筏の作り方を教わっていたのだ。

大きな竹を石器で切る

竹にはいくつもの種類があるが、その中でアミ族が好んで竹筏にしたのは、麻竹《マチク》という竹だった（図4-1）。これは大型の竹でとても太く成長する一方、堅い外周の部分（稈《かん》）が薄く、中の空洞が大きいため、水の上でよく浮く。日本には分布していない熱帯性の種だが、その筍はメンマの材料なので、気づかぬところで日本人にも身近な存在だ。

筏用の竹は、秋から冬にかけて採取する。この時期は乾燥しているので、採取した青竹を乾かす際に収縮が小さく、竹が割れてしまう危険性が減る。年齢も大事で、青すぎて若いものは脆《もろ》く黄色く古いものは割れやすいので、その中間の2〜3歳のものを選ぶ。もちろん太さや曲がり具合も考慮するから、結局、山でよい竹を探すのに2〜3日かかるのだと、前出のごろうさんは教えてくれた。

私自身も、ラワイさんが竹を採取する山の現場に何度も行ったが、あの急峻な斜面を歩き回るのはかなりきつい。車を使ったからまだいいものの、登山して、探し回って、切って、最後に重く長い竹をいくつも下ろす作業を想像すると、気が遠くなった。しかも台湾の山にはクマがいるし、ハブやコブラなどの毒ヘビ、サソリ、ヒルもいる。

ところで太い竹を使うと簡単に言ったが、そもそも3万年前の旧石器人が、それを切って加工できたのだろうか。私たちが使った麻竹の直径は、最大で17・5センチメートルあったが、これが当時の石器で切れることを証明しなければ、先へは進めない。そこで2017年の4月に、台湾の最高学術研究機関である中央研究院の臧振華教授の協力で、その実験をおこなった。

考古学者の臧教授は、台湾を代表する旧石器遺跡である八仙洞遺跡の発掘調査を、2008年から指揮していた。台東県北部の私たちの活動エリア内にあるその遺跡からは、3万年前にまでさかのぼる石器が多数発掘されている。その中に、何か大きなものの切断に使ったらしい薄い円盤状の石器があるので、私たちは、これを真似て作った石器で竹の伐採実験をおこなうことにしたのだ。

この石器は、付近の海岸で硬質の円礫《えんれき》を探して拾い、それを割って作る。臧教授らが実験して明らかにしたその割り方はちょっと変わっていて、通常のように片手に持ったハンマーストーンで打ちかくのでなく、地面においた台石に、平たく丸まった礫をうまくコントロールして投げつけて割る。臧教授の優秀な助手で屈強な原住民クヴァラン族のアリエンさんが、この石器を大箱一杯に準備してくれたので、それを持って私たちは山へ向かった。

麻竹は群生して生えるタイプの竹だが、私たちはその中で直径15センチメートルの大物にねらいを定めた。過去に同様の実験経験があるアリエンさんが、円盤状の石器でパワフルに切りつける。5分も経つと、かなり深い溝ができてきた。そこへ円盤状の石器の一つを差し込んでくさびとし、別の石で叩く（図4-2）。彼は少しずつ刃のかたちが異なる石器をとっかえひっかえしながら、これらの作業を繰り返した。しばらく様子を見ていたラワイさんと、その助手のアチャンさんも、やりたい気持ちが抑えられなくなったようで加勢した。

しばらくして切れ目の深さが十分になったとき、アリエンさんは最後のとどめと言わんばかりに、足の裏で竹を踏みつけて押し倒そうとした。ところがこれが、彼のパワーを持ってしてもうまくいかない。どうやら上のほうで隣の竹と枝がからまり、倒れてくれないのだ。私が、時間はかかっても最後まで石器で切り続けるしかないと思っていたそのとき、彼の頭脳は私よりはるかに高速で動いていた。アリエンさんの指示で男3人が太い竹を回しながら持ち上げ、最後はねじ切ったのだ。道具に頼らずとも智恵があればできると、思い知らされた。

結果的に太く頑丈そうな竹が、私が想像していたよりも早く20分で切れてしまった。慣れたチームで作業すれば、時間はさらに短縮できるだろう。ねじ切った竹はまだ上部で枝がからまっていたが、彼らは根本から横に滑らすようにして抜き取り、付近に生えていた丈夫そうな草で持ち手をさっと作って、斜面を下ろしていった。

図4-2　麻竹を石器で切る実験

（上）直径15センチメートルの麻竹を石器で切るアリエンさん。（下）伐採した竹を運ぶ（2017年4月14日）〈撮影：筆者〉

これで結論が出た。竹はどんなに太くてもシンプルな石器で切れる。同様の実験成果が他にも数例報告されているので、この点はもう安心していい。やはり3万年前の舟の素材として、竹は「あり」なのである。

怪物のような植物、籐

竹を縛るには何が良いだろうか。植物目録によれば、台湾にも与那国島で利用したトウツルモドキがあるそうだが、私たちは台東の山で見なかったし、アミ族もそれを使っていない。彼らが古来から竹筏製作に使っていたのは、トウ（籐）である。

籐は椅子や机など家具に使われることも多く、日本でも馴染み深い植物素材だ。しかし生きている籐の姿を見たことのある日本人は、多くないだろう。私もそうだったのだが、心地よい暖かみのある籐細工のイメージとはかけはなれた、その怪物のような姿に驚かされた（図4-3下）。

台湾の山に生えている籐は、無数の鋭く長い棘《とげ》に覆われた生き物で、数十メートルに成長する。棘を周囲の木々にひっかけながら、陽の当たるところへと伸びていくのだ。山歩きの際に気を抜くとひっかけて痛い目にあうので、特徴的な葉の形状を覚えて注意する。かつて台湾の学校の先生は、これを使って生徒に罰を与えていたそうだ。

この扱いにくいツル植物の表皮を剝いだ中にある繊維が、私たちが俗に籐と呼んでいる籐細工の材料なのである。籐を採るため、現代の台湾原住民たちは鉄製の刃物を持って山に入る。長く上等な籐は山奥に行かないと見つからないので、竹筏作りのための籐狩りは山で数日かかる作業になるという。

人々はそれでも籐を求め、利用した。籐は引っ張りに強い優秀な紐であるばかりか、海水にも強く、東南アジア各地で舟製作に使われていた。余談ながらその芯は、原住民の間ではちょっとした高級食材である。少し苦味があるのだが、豚肉と一緒にスープにするのが基本的な食べ方とのこと。

さて、この棘だらけの有用植物を旧石器人も利用したに違いないが、鉄器なしにどうやって採取するのだろう。私は、撮影に来ていた冒険好きのNHKスタッフと一緒に、石器や、石器で作った竹製ナイフなどで棘を除く方法をあれこれ試してみたが、どうも手間がかかりすぎてしっくりこない。そこで、前述の竹の伐採実験を終えたあとに、アリエンさんにどうしたらいいか訊いてみた。私がその付近に生えていた籐を指差して質問すると、彼はすぐさま落ちていた棒切れを拾い、その籐を叩き始めたのである。ものの10秒ほどで、棘のある表皮がくだけてつるんと剝け、中の繊維質が露出した。私が唖然《あぜん》としたのは、言うまでもない。

鉄壁の鎧を進化させたはずの籐だが、人間の智恵はそれをいとも簡単に無力にしてしまった。私は、特別な作業には特別な道具が必要と難しく考えていた自分が、少し恥ずかしかった。

図4-3　台湾の山に生えている籐

（上）籐を採取した台東県の山。（下）無数の鋭い棘で覆われる台湾の籐。工芸品の籐細工は、棘のある表皮の中にある繊維を使っている〈撮影：筆者〉

竹の潜在能力を検証する

私たちの目的は、アミ族の知識を借りて、外洋を長距離航海するための舟を作ることである。沿岸で使用するアミ族古来の竹筏は、その目的には向いていないので、別のデザインを考える必要があった。

アミ族が海で使っていた竹筏はどんなものかというと、絨毯《じゅうたん》形のいわゆる筏の形で、竹を火で炙《あぶ》って曲げる加工により、船体の前部を反り上がらせ、波に突っ込まないようにしてある。漁に使うものは1〜2人乗りで、1人が立ちながら、左右あわせて2本のオールを握って漕ぐ（77ページ図2-8下左）。かつては、中国のジャンク船のような帆と、それとセットで使う5枚ほどのセンターボードをつけた帆走筏もあった。これらと同様の海の竹筏文化は、南中国からベトナムにかけても存在するので、台湾のものは比較的最近、大陸から持ち込まれたという考えもある。

さて、これらが旧石器時代の外洋航海舟になり得るかといえば、それは違うだろう。絨毯形の筏は、ものを沢山置けるので漁や運搬には好都合だが、舳《へさき》で波を切らずに受けてしまうので、スピードが出ない（これは翌年の実験で確かめることになる）。さらに長距離を航海するのに立ち漕ぎは不都合だ。「漕ぐには、座るか片側の膝をついて下半身を固定したほうがいい。立つと身体全体が風を受けてしまって舟の進みに影響が出てしまう」と、漕ぎチームの内田監督は言う。

そして第2章で述べたように、センターボード等を組み合わせた帆走技術は、古くても数千年前の発明品と考えられている。

そういうわけで、私たちは座って漕ぐ竹筏をデザインすることにした。しかしその先、つまり「もし旧石器人が航海用の竹筏を作るとしたら、どのようなかたちにするか」については、まったく想像しようがない。そこで無理に3万年前の竹筏を創り出すのではなく、実験の目的を、竹の潜在能力の検証に切り替えた。つまり、「最良の竹素材で最良のデザインの筏を作ったら、黒潮を越えられるか」を試すのである。

私は日本側のプロジェクトメンバーや漕ぎ手と相談し、船舶海洋工学の専門家のアドバイスも受けて、一つの設計図を完成させた。それは前方をすぼませた、いわゆる舟のかたちをした竹筏だったので、私たちはこれを「竹筏舟《たけいかだぶね》」と呼ぶことにした。

3万年前の手法で組み立てる

台湾での竹筏舟の製作が始まった（表4－1）。

2017年の3月23日に、私が作業場となる台東市の卑南文化公園へ赴くと、そこにはラワイさんたちが集めてきた青々とした巨大な麻竹が、20本ほど置かれていた。なかなか壮観だ。作業効率を優先して伐採は鉄のノコギリで行ったが、こうした作業場の景観は3万年前も似たようなものだろう。

表4-1　2017年の竹筏舟イラ1号の実験スケジュール	
3月	竹と籐の採取・前処理
3～5月	イラ1号の製作
6月4日～6月16日	イラ1号の海上テスト
6月11日	テスト航海（大武→緑島）

この先は設計図を参考にしながら、ラワイさんと2人の助手、アミ族のアバオさんと、プユマ族のアチャンさんが、組み立てをおこなっていく。草束舟のときはやり方を教わって大人数で楽しく作業したが、10本前後の剛体を組み立てる竹の作業は、少人数の精鋭に任せることにした。

私は最初にラワイさんから、設計図通りにはできないということを告げられた。彼は浮力を期待できる極太の麻竹を、100キロメートル離れた場所から探して調達してきてくれたのだが、この太さだと軸をゆるやかにしか曲げられないので、舟の長さは当初設計の8メートルではなく10メートル以上になるという。

アミ族式の手の込んだ作り方を、訳あって変更したところもある。本来なら切った竹は皮を2～3ミリメートル剥ぎ、火で炙って望む形に曲げ、海水に浸してから、砂浜に埋めてしばらく放置する。今回は火で曲げる工程以外はすべて省略した。竹の皮剝ぎの目的は、軽量化と、水分の蒸発の促進と、別途行なう防虫処理をやりやすくするためらしい。ラワイさんもそれをやろうと主張したが、これは鉄のカマがあるからできる作業で、3万年前にはふさわしくないことがわかった。海水に浸し砂に埋めると防虫や耐久性が増す効果があるのだそうだが、今回は単純に時間がないためやらなかった。

卑南文化公園での作業は、竹を加熱して曲げるところから始まった。伝統的なやり方は、たき火の上で台に載せた竹を回転させながら炙る方法だったらしい。3万年前の台湾や沖縄の旧石器遺跡で火を焚いた痕跡が見つかっているので、旧石器人にもできる工程である。ただしこの方法だと竹1本曲げるのに1日かかってしまうため、私たちはラワイさんが考案した特別なシステムで、ガスバーナーを使って作業した。

竹を火で炙って曲げるのは、経験のいる作業だ。熱しすぎると節の中の空気が膨張して、破裂してしまう。焦がしてはいけないので、発火温度が高い油をたっぷり塗りながら火を当てる。そのためにかつて使われていたのは、鯨や鮫や海亀の油だったそうだが、今回は機械油で代用する。

こうして汗と油にまみれて曲げた9本の竹を台の上に並べたところ、曲がり方が揃っていないので、私は唖然としてしまった（図4-4上）。しかしラワイさんは「好《ハオ》!〈いいね!〉」と言うだけで、気にするそぶりがない。

考えてみれば、これはそういうものなのだろう。竹は均質に作られた現代の化学合成素材では

図4-4　竹筏舟を作る

（上）曲げる作業を終えて作業台に並べられた麻竹。（下左）左に写るラワイさんらの組み立て作業。（下右）アミ族の美しい籐の結び方〈撮影：筆者〉

なく、生きた植物なのだ。天然の竹には1本たりとも真にまっすぐなものはなく、一本一本にそれぞれの個性がある。私たちはそれに、石器時代に可能な技術で手を加えようとしているが、それで自在な整形ができるわけではない。

実際に組み立てが始まると私の不安は消え、むしろ、気難しい自然に智恵と技で取り組むことの面白さを感じるようになってきた。9本の竹は明らかに不揃いだったが、ラワイさんは職人の経験と勘で、一つずつ問題を解決していく。籐で縛る作業を1ヵ所でおこなうたびに全体のバランスを確かめ、次の作業を吟味するのだ。

なお、この作業に関連してぜひ書き留めておきたかったのが、アミ族の籐の結び方。これがよく工夫され、何とも美しいのである（図4-4下右）。地元テレビ番組のインタビューで、私がラワイさんに「3万年前の人々はこの舟を作れたと思うか？」と訊いたら、彼は「いや、無理だろう。結びなど難しい技をたくさんつかっているから」と答えたのには、思わず笑った。釣り針を持っていたくらいなのだから、旧石器人も高度な結びの技を持っていたはずだし、そもそもそれができなかったら海は渡れなかったろう。それでもラワイさんがそう考えてしまうほど、結びは工夫されていた。

さて、材料の採取と竹を曲げる作業は旧石器時代の技術で可能だが、この組み立ての工程はどうなのだろうか。結論から言えば、問題ない。

ラワイさんは当初、公園の現場に鉄刀、鋸《のこぎり》、ナイフ、ハンマー、電ノコ、電動グラインダーと、さまざまな工具を持ち込んでいた。彼も現代の職人なので、私が言う「旧石器時代の再現」などという突飛な話の趣旨を、最初から理解してもらえてはいなかったのだ。私は職人たちの作業ペースを乱さないよう気を遣い、当初はそれらの使用を黙認していたが、そのうちタイミングを見て、「3万年前のことを考えて、そのナイフとハンマーを石と木に代えてみないか?」などと提案してみた。すると彼らは面白がって、それらで籐を締め上げて結ぶ作業を始め、そのコツをすぐにつかんだ。こんな調子で、そのうち職人チームの間では、「そんなやり方は3万年前じゃないだろう」といった冗談が飛び交うようになった。

「イラ1号」の完成

こうして組み上がった竹筏舟は、私が当初デザインしたより長く、細くなっていた。草ならあとから抜いたり足したりして整形も容易だが、剛体の竹は、その点の融通が利かない。それでも一応完成ということで、台東市内の人工湖へ運んでテストしたところ、私を含む5人を乗せたその舟は、大勢のギャラリーの前でくるりとひっくり返って、全員が湖に落ちてしまった。バランスの悪さが露呈したのである。その日は地元メディアのテレビカメラも来ていたのだが、常に速報を競い合っている彼らは冒頭の数分だけ取材して引き上げていたので、幸いにして私たちの無様な姿が公共の電波に乗ることはなかった。

これではまったく使い物にならないということで、私は日本にいる漕ぎチーム監督の内田さんに電話してアドバイスを求め、最終的に左右に太い竹を1本ずつ足すことにした。

そんな紆余曲折を経ながら、プロジェクトとしては2番目の挑戦で、竹筏舟としては初代の「イラ1号」が、完成した。ラワイさんが命名したこの名は、「はるか彼方へ」という意味のアミ語がもとになっている。

こうして完成したイラ1号は、全長10・5メートル、幅1メートルの、舟のかたちをした筏である（図4-5）。使った麻竹は11本で、その太さは13・5〜16・5センチメートル。やたら長いが、全体的には写真映えのする格好のいい仕上がりだ。草よりも表面が平滑であるため、よりスピードが出ることが期待される。重量を計る機会はなかったが、見た目のとおり重い。昨年の草束舟も重かった。印象としてはイラ1号のほうが少し軽いくらいだろうか。

船体には、5人を乗せる浮力を出すため9本の麻竹を使っている。そのうちの2本は底部に平行にとりつけられており、航行中にこの2本の間を水が流れて直進性が増すことを期待していた。竹は根元側を舟尾に置いたが、中央の竹だけは逆向きで、これはラワイさんの案で、波を一番受ける部分の強度を上げる意味があった。船体の上面の左右には、やはりラワイさんの意見で波よけと運搬時の持ち手として大小の竹がそれぞれつけられ、漕ぎ手が座る場所には割り竹が敷かれた。竹の結合のために横渡しした堅い木は、漕ぎ手の足かけも兼ねている。

図4-5　完成した竹筏舟「イラ１号」

2017年の実験で製作したこの筏舟には11本の太い麻竹が使われ、漕ぎ手が座る上面には割り竹が敷かれている〈撮影：筆者〉

図4-6　太麻里の海岸に運ばれたイラ１号

20人あまりの地元の協力者に担がれて運ばれた〈撮影：筆者〉

海に浮かんだ竹の舟

そんなプロジェクトの新たな希望の星、イラ1号を海上でテストするため、2017年6月に、7人の漕ぎ手が台東の海に集まることとなった（表4-2）。草束船の実験からの参加者は4名で、鈴木克章さん、内田沙希さん、村松稔さんと、ボランティアで来てくれた大部渉さんがいた。今回からの初参加は3名で、内田正洋監督の推薦で漕ぎチームのキャプテンとなるべく呼ばれた原康司さんと、台湾人の宗元開さん、張宏盛さん。この中で鈴木さん、原さん、宗さんは経験豊富なシーカヤッカーで、張さんは地元台東の若手カヤッカーとして参加してもらった。

キャンプ地は、事前に調査して選んだ太麻里《たいまり》の海岸である。台東市から南側の海岸を50キロメートルほど調べた結果、もっとも波が穏やかで、古代舟の発着に適していると思えたのがこの場所だった。

6月4日。20人あまりの地元協力者にかつがれて、イラ1号が太麻里の浜へ運ばれてきた（図4-6）。その夕方に漕ぎチームが現地に到着。日本からやって来たメンバーにとって、竹筏舟を見るのは、これが生まれてはじめてとなる。こんなものが海にどう浮かぶのか、はたして島へ渡れるようなものなのか、まだ誰にもわからない。私とラワイさんにとっては、人工湖でひっくり返ったあとの改造が適切だったのか、ここではじめてチェックすることになる。

6月5日。ラワイさんによるアミ族式の進水式で気持ちを新たにしたあと、いよいよイラ1号

表4-2　2017・2018年の竹筏舟実験の参加者

プロジェクトスタッフ

海部 陽介（人類進化学者、国立科学博物館、プロジェクト代表）
三浦 くみの（国立科学博物館、プロジェクト事務局マネージャー）
藤田 祐樹（国立科学博物館、プロジェクト事務局）
内田 正洋（海洋ジャーナリスト、漕ぎチーム監督・安全管理担当）
林 志興（国立台湾史前文化博物館、プロジェクト共同代表）
黄 國恩（国立台湾史前文化博物館、プロジェクト事務局）
温 璧綾（国立台湾史前文化博物館、プロジェクト事務局）
頼 進龍（ラワイ）（竹筏舟）
黄 春源（沖縄海潜、救急救命）

漕ぎ手（年齢：23～45歳　平均37歳）

原 康司（山口県・男、キャプテン）*
村松 稔（与那国島・男）
大部 渉（与那国島・男）
内田 沙希（神奈川県・女）*, **
トイオラ・ハウィラ（ニュージーランド・男）*, **
鈴木 克章（静岡県・男）*
宗 元開（台湾・男）*
張 宏盛（台湾・男）*

伴走船代表

蘇 宜忠（好朋友2號）
陳 坤龍（晉領號）

コーディネーター

藤樫 寛子（多摩川文化事業有限公司）

公式撮影班

門田 修・宮澤 京子（海工房）、杉浦 由典

※括弧内は居住地・所属・専門・性別などの情報。2017 年、2018 年のどちらか 1 年のみの参加者もいる。
* シーカヤックガイド　** 古代ナビゲーション技能者

が台東の海に入った。この付近で一番穏やかな海岸を選んではいるのだが、それでも少し波があるため、気を抜けない。万一、船体が横向きになって波に巻かれてしまったら、竹筏舟は壊れてしまうだろうし、そこに人がいれば大怪我するかもしれない。

「乗れ乗れ！」

内田さんの号令が飛ぶ中、イラ1号はいくつかの波を越え、無事に沖のほうへ出て行った。

「やった」

「浮いた！」

岸から十分離れたイラ1号は、やがて方向を変え、海岸沿いに漕ぎ出した。どうやらうまくいったようだ。現場には予備の竹を用意してあり、安定性不十分ならラワイさんに追加の補修を頼むつもりでいたが、もうその必要はなくなった。

やがて岸へ戻ってきた漕ぎ手たちの表情からは、いい感触だったことがすぐ読み取れる。草束舟経験者の鈴木さんは「いやあ、もうこのまま遠くへ漕いで行きたいですよ！」と、興奮気味。宗さんも「これなら安定性は十分」と笑顔。

とても期待が持てるスタートだったが、気になることが2つ出てきた。

一つは、イラ1号の竹が少し割れていることである。これについては、ラワイさんの助手のアチャンさんが、クワ科の常緑高木であるパンノキの樹脂を集めて熱し、充填材として使う古来の方法を真似て補修を試みた。

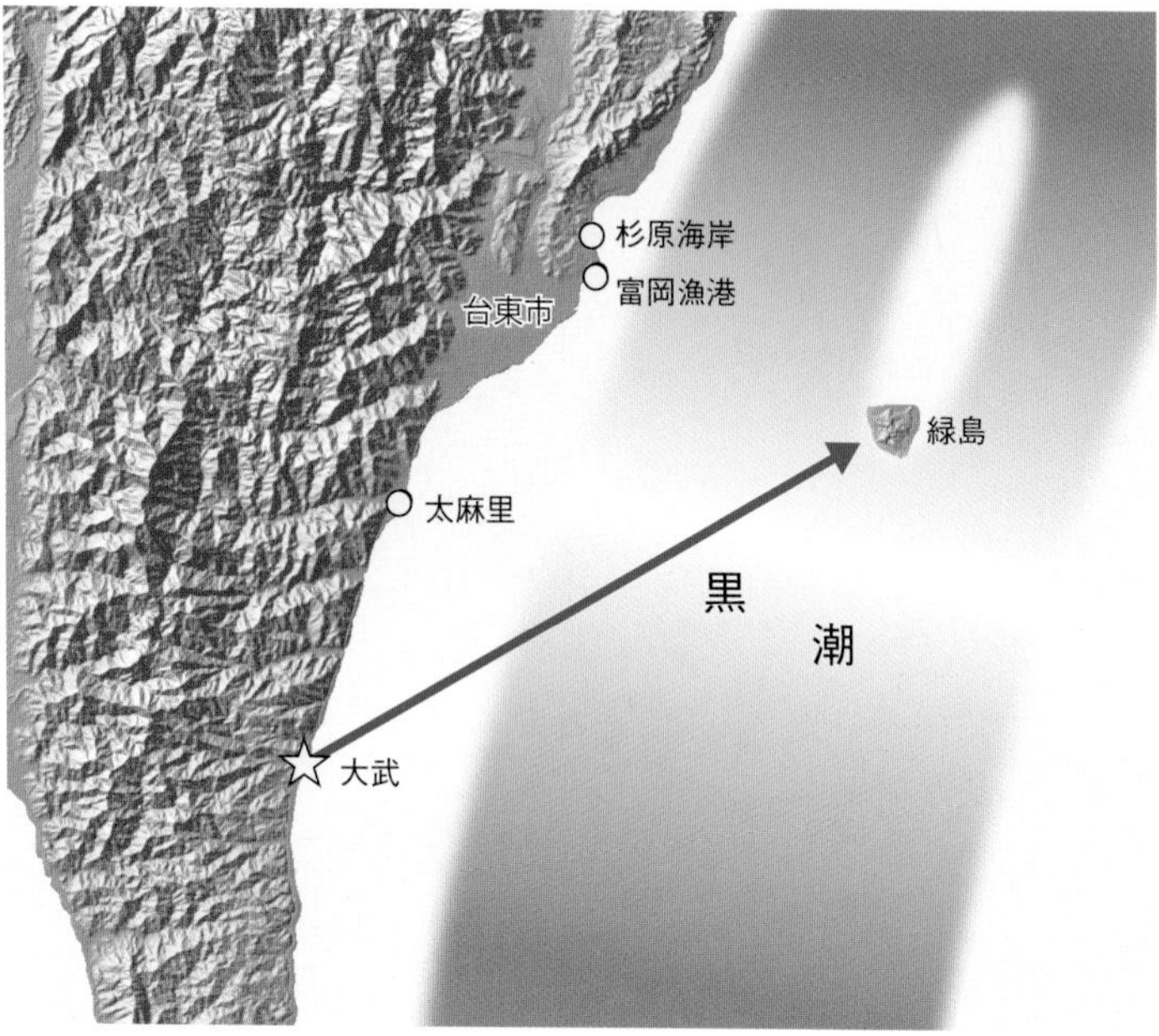

図4-7　イラ１号のテスト計画

キャンプ地を太麻里から杉原海岸へ移したあと、イラ１号は大武から緑島へ向けて出航した〈GeoMapAppで作図〉

もう一つは、内田さんが「ここじゃ練習にならん」とつぶやいていることだった。比較的穏やかといっても、太麻里の海岸では波がブレイクしている。それでは舟を海に出し入れする度に緊張を強《し》いられることになり、だめだというのだ。

それはその通りだが、困ってしまった。台東市から南側の海岸はすべてチェックしていて、その中ではここが最良なのだ。なぜ南側を選んだかと言えば、私たちはこの合宿の仕上げに、台東の沖に浮かぶ緑島を目指すテスト航海を計画していたからである。緑島は、台東沿岸を南から北へ流れる黒潮本流のど真ん中にある島で、漕ぎ舟でそこを目指すには、南側からアプローチする以外にない。太麻里より穏やかな場所と言えば、台東市の北側にある杉原海岸まで行くしかないが、黒潮の下流にあるそこからでは緑島へアタックできない（図4-7）。

しかし一方で、舟が壊れ、人が傷つく危険を抱えながら練習するわけにはいかない。緑島へのチャレンジの前に、まず漕ぎ手たちが竹筏舟に慣れ、台湾の黒潮の海に慣れるのが先決だ。そこで仕方なく、太麻里から陸路で40キロメートルほど離れた杉原海岸へキャンプ地を移動することにした。

6月6日。イラ1号は沿岸を途中まで練習を兼ねて漕ぎ、その後は伴走船に曳航《えいこう》されるかたちで、杉原海岸へ到着。そこは台東県では珍しくしっかりした湾になっていて、湖のほとりのように波が穏やかで、細粒の砂が足裏に心地よい海水浴場である。漕ぎチームの面々は、そこにテントを張ってキャンプを開いた。

黒潮に突っ込む

日本列島を南方から洗う暖流の黒潮は、国際的にも「Kuroshio」と呼ばれる。それは世界最大級の海流で、流速は台湾沖で秒速1〜2メートルに達し、幅は最大100キロメートルに及ぶ。私たちがプロジェクトの最後に挑むことになる台湾から与那国島への航海では、これを横断しなければならない。昨年の草束舟はその分流に簡単に跳ね返されてしまったが、自分たちが最後に対峙するのは、それよりはるかに強大な本流だ。今回の台湾合宿では竹筏舟をテストするとともに、この黒潮を台湾の海で体験して理解したい。

6月8日は、まさにその念願の初体験となる日だった。この日の計画は、途中までイラ1号を伴走船で曳航し、黒潮海域の真っただ中で放して、その中での竹筏舟の性能を確かめようというもの。

空は青く海は凪ぎ、多少の雲はあるが遠くの山もくっきり見える、素晴らしい日だった。沖を眺めると、岸辺の明るいエメラルドグリーンの水のはるか向こうに、濃い青色の水が見える。伴走船の船長によると、黒潮はあの奥の海域を流れているのだそうだ。その黒潮にもうすぐ対面できると思うと、何とも言えない静かな興奮が湧いてくる。いずれ私たちは、それを越えて与那国島を目指すことになるのだ。それがどんな冒険になるのか、持つべきイメージを身体にすり込ませておきたい。

水深1200メートルほどの地点まで来たところで、伴走船がエンジンを止めた。そこでGPSを確認すると、船が北北東へ秒速1メートル以上で動いていることを示している。黒潮本流だ。台湾沖でのその水の色は、黒とは異なり、鮮やかで透き通った、何とも表現しにくい、美しく深い瑠璃《るり》色だった（註3）。できることなら記録したいと思い何度もカメラのシャッターを切ったが、電子処理される画像はどうしても実際の色と微妙に異なるので、あきらめて眼に焼き付けることにした。

イラ1号に漕ぎ手たちが移り、漕ぎ始めた。こんな青に囲まれたら、気持ちも自然と高ぶる（図4-8）。しかし洋上の高揚感とは裏腹に、GPSの航跡記録は散々な結果を示していた。黒潮と直角方向に漕ぐと、黒潮の流れの方向にぐいぐいと持っていかれる。対抗して流れと逆方向に漕ぐと、前進できずにズルズルと後退させられる。イラ1号は黒潮の上で、ほとんどなす術《すべ》がないようだった。ところが竹筏舟の上の5人は、そうして流されていることには気づかず、気持ちよさそうに漕ぎ続けている。

これが海流なのだ。知らぬ間に巨大なベルトコンベヤーに載せられているように、流されていることを自覚できない。私たちはこれから、この見えない相手と闘うことになる。

この体験を通じて、チームの全員が、私たちの舟では黒潮に抵抗できないことを理解した。合宿の最後に予定しているテスト航海で緑島を攻略するには、やはり黒潮の下流である南から出発しなくてはならない。問題は出発地をどこまで南に下げるか、である。

図4-8　黒潮上での竹筏舟イラ１号の漕ぎ練習

2017年6月8日。写真中央の水平線上に見えるのは緑島〈撮影：筆者〉

註3）海上で見る海の色は、水深や太陽の位置や雲量などによっても変わるので、同一の場所でもいつも同じではない。

出航前の大騒動

黒潮を初体験して興奮気味の私たちが杉原のキャンプへ戻ってくると、思わぬ問題が起こっていた。現地のアミ族の住人たちが、私たちが挨拶もなしに突然現れて浜でキャンプを始めたことに、激怒しているというのである。砂浜は公共のものとされているので、この移動を手引きしたラワイさんにとっても想定外の事態だったようだが、ここに暮らす当人たちからすれば、行政ルールがどうであれ土地は自分たちのものという意識なのだ。

事態を説明してくれたコーディネーターの藤樫寛子さんは、とても緊張している様子で、「代表のあなたがすぐに謝りに行きなさい」と言う。プロジェクトの台湾側代表者である国立台湾史前文化博物館の林志興さんがすでに駆けつけていて、長老たちと話をしてくれていたが、とにかくその夜、部落の長たちが集まる場に、林さんと藤樫さんと私で、出かけていった。

部落の代表は、アミ族の血も引く林志興さんに詰め寄る。「お前たちは、この部落の祖先の名を知っているのか！」と。同じアミ族の仲間であっても、部落外のよそ者に勝手は許さないという強烈な言い回しである。その後、私が藤樫さんの通訳を介して「何も告げずに皆様の土地に踏み込んでしまい、人間として本当に失礼なことをした」と詫び、林さんが彼らの顔を立てて、翌朝にイラ1号を杉原海岸に迎える儀式を主催してくれないかとお願いし、その場は収まった。

それから私はキャンプに戻り、チームの皆に、地元の方々へ配慮し極力騒がず、道で会ったら会釈してほしいと伝えた。太麻里のキャンプでは、事前に地元警察などに挨拶し、書状も送って理解を求めていたが、今回の移動は急でそうした配慮がなかったのが、今思う反省点である。

翌朝、部落の長たちが色とりどりの伝統衣装で現れ、イラ1号に対しアミ族式の儀式を執りおこなってくれた（図4-9）。林さんが呼んだ地元メディアも大勢来ていて、和やかで賑やかな儀式となり私も胸を撫で下ろしたのだが、その翌日また次の騒動が起こる。それは緑島へのテスト航海に関することだった。

6月10日の午前、何かと気が利く藤樫さんの発案で、私たちはこの合宿で雇っている2艘の伴走船の船長に来てもらい、いつテスト航海を実施するのがよいか、意見を聞いた。すると2人の意見は一致していて、「それは明日しかない」と言う。現地の海と気象を一番よく知る彼らが、明後日以降になれば海が荒れるだろうから、明日を逃せばもうチャンスはないと言うのである。

話はわかったが、これは大ごとだ。すでに時刻は正午である。テスト航海は朝4時頃に出航して日没まで漕ぐ計画なので、そうすると開始までもう16時間しかない。私たちは事前の下調べで、竹筏舟の出航地は台東県の南端に近い大武と決めていたが、そこはこのキャンプから陸路で

図4-9　杉原海岸でおこなわれた儀式と漕ぎ手

（上）2017年6月9日、安全祈願の儀式を執りおこなってくれた地元の長たち。（下）イラ1号の漕ぎ手。左から内田沙希、宗元開、張宏盛、鈴木克章、原康司〈撮影：筆者（上）、村松稔（下）〉

75キロメートルも離れている（145ページ図4-7）。今からそこへイラ1号を運び、漕ぎ手を移動させて食事と仮眠をとってもらい、スタッフは自分たちの準備をして伴走船に乗り、4時までに大武の沖に到着していなければならないのだ。さらに、大武で竹筏舟の出航を見送ったあと、その日のうちに緑島に先回りして皆の到着を迎え、大人数の食事や寝床を世話する陸上スタッフも必要だ。とくにたいへんなのは伴走船で、1艘は、待機場所の富岡漁港↓杉原海岸（イラ1号を曳航して移動）↓大武↓富岡漁港（撮影スタッフをピックアップ）↓大武と、約220キロメートルを行き来し、その後すぐに70キロメートル以上のテスト航海の伴走に入ることになるのだ。それでも2人の船長は、「それでいいからやろう」と言ってくれた。

船長さんたちが、このプロジェクトに本気で取り組んでくれていることに感激し力を得て、私は「ならばそれでやりましょう！」と決断した。そしてそこから、蜂の巣をつついたように準備が始まったのである。

明朝から緑島を目指す漕ぎ手たちが、出航前にできるだけ休息をとり、精神を落ち着けられるよう、環境を整えることが最優先だ。そのために関係者全員が、懸命に動いた。スタッフでこの夜に休めた者は、おそらく一人もいなかったのではないかと思う。その場になって出航許可に必要な書類が足りないことが判明し、東京の博物館事務所に電話を入れ、それを探すために非番の職員に出てきてもらったりと、影響は各所に及んだ。すべてが奇跡的に整い、翌朝4時にイラ1号が大武から出航できたのは、ここに記し切れない大勢の関係者の、信じられないようなハードワークのおかげだ。

ただ一つ汚点を残してしまったのは、突発的事態であったために、杉原海岸の長たちに一言も告げずに私たちがあの場を去ってしまったことである。まだそのことを詫びていないので、できるだけ近い機会にそうしたいと思っている。

水平線に隠れた緑島を目指す

6月11日の未明。竹筏舟が3万年前の航海舟の有力候補になるのか、その審判を下すときがやってきた。

テスト航海で目指す緑島は、台東市の沖にある火山島だ（145ページ図4-7）。太平洋に面した温泉など魅力的なスポットが豊富で、今では定期連絡船で簡単に行ける人気の観光地だが、黒潮本流の真っただ中にあるためかつては人を寄せつけない島で、1987年まで、ここには台湾の政治犯収容所が置かれていた。

緑島最高地点の標高は281メートルで、半径60キロ圏内に入らなければ海上からは見えない。イラ1号の出発地である大武の海岸は70キロメートル離れており、その圏外だ。つまり今回のテスト航海は、黒潮を越えて見えない島を目指すという点で、台湾から与那国島への本番の実験航海の予行演習ともなる。もしこのチャレンジに成功できれば、竹筏舟が3万年前の航海舟の候補として急浮上することになる。

今回の漕ぎ手は、先頭から鈴木克章さん（39歳・男）、張宏盛さん（23歳・男）、内田沙希さん（27歳・女）、宗元開さん（63歳・男）、原康司さん（45歳・男＝キャプテン）の5人で、草束舟のときより熟練者主体の構成だ。そのほか、村松稔さんは都合ですでに帰国していたが、大部渉さん（36歳・男）が交替要員として伴走船に乗っていた。櫂は、草束舟のときと同じものを使う。

夜明け前の5時4分に、イラ1号が大武の浜を出航した（図4-10）。その重い船体は5人の漕ぎ手だけではびくともせず、NHK撮影班にも手伝ってもらい10人以上で水際まで運んで進水させた。伴走船の現地到着が遅れ、予定より1時間遅くなったが、キャプテンの原さんによれば、待ち時間があって逆に気持ちを落ち着けることができたと言う。漕ぎ手たちが出航前に身体を休める時間は、十分というにはほど遠いが少しは確保できたようだった。

早ければ数キロメートル沖で、黒潮本流にぶつかるだろう。その黒潮はこの海域で北北東へ流れているので、私たちはそれに少し逆らうかたちで南東へ漕ぎ進む作戦を立てていた。黒潮によって北へ流されつつ、どこまで竹筏舟を東へ進められるかがポイントとなる。

午前中は風が穏やかで、雲が日射しを和らげ、時おり雨が降った。身体が適度に冷やされるという意味ではよかったが、いずれ与那国島を目指すときは、この状況は望ましくない。古代の航海では、陸を見ながら海上での位置を把握しなければならず、そのためには視界良好であることが必要だ。

沿岸は黒潮の圏外で潮流は弱い。この間にある程度南下しておこうと、出航後しばらくは南東方面を目指した。出発から3時間弱の間、舟は意図するとおり南東へ動いていた（160ページ図4-11左上）。そうして台東県と屏東県の県境まで南下したところ、伴走船が無許可で隣の県に入れないという3万年前には考えられない規則があることを知らされ、仕方なくそこから進路を東にとってしばらくそのまま進んでいた。この潮の流れが弱い海域でのGPS記録からの推定では、イラ1号をふつうに漕ぎ続けたときの巡航速度は毎秒0・83メートルほどで、ヒメガマの草束舟と差はなかった。

10時を過ぎた頃、東へ向かっていた航跡が変化してイラ1号は北東へ動き出した。黒潮の海域に入ったのである。背後の陸地の見え方が変わることからそれに気づいた原キャプテンらは、竹筏舟を漕ぐ方向を元の南東に戻した。

このとき漕ぎ手たちは、定期的に一斉休憩をとっていたので、そのときの竹筏舟の動きを調べると、海流による影響がわかる。10時頃、漕ぎを止めたイラ1号は毎秒0・5メートルで北のほうへ流されていたが、その数字は2時間後に倍の秒速1メートルに上がっていた。海流が強まり、黒潮本流へと突入していたことが数字に表れている。

いよいよ真剣勝負となっていくが、舟はあるべき方向に進んでいるのだろうか（図4-11右上）。出航後7時間近くが経過した11時50分頃、緑島最高峰の火焼山の頂《いただき》が水平線上に現れたことを、伴走船の船長が教えてくれた。私たちはそれを竹筏舟に告げないルールだったが、その竹筏舟の上では、これとほぼ同時に、内田沙希さんが島をちゃんと見つけていた。実父の内田正洋

図4-10　緑島を目指す竹筏舟イラ1号

出航から2時間ほど経過した6時52分、見事な虹が出た〈撮影：筆者〉

監督によれば、彼女は目がよく、幼少期から周囲の変化にいち早く気づく類《たぐい》稀《まれ》なセンスを持っていたという。

12時20分を過ぎたころ、張さんが体調不良を訴えて、大部さんに交替することになった。彼はまだ若く、身体に負担をかけないように長漕ぎする技術が身についていなかったことに加え、昨晩はかなり興奮してしっかり休めなかったらしい。とくに深刻な状態ではなかったので、伴走船の上で身体を冷やす応急処置をして休んでもらったところ、やがて元気を取り戻した。

この時点でイラ1号の位置は、緑島へのあるべき航路から大きく外れておらず、まだ到達の希望は十分にあった。

午後になると雲がなくなり、日差しが強まってきた。無風で身体に熱がたまるようになったので、漕ぎ手たちは休憩を増やし、ときおり海に飛び込んで身体を冷やす。

一方で沖に出るだけ黒潮の流れは強まり、竹筏舟が休憩時に北北東へ流される速度は、13時20分で毎秒1・3メートル、14時には1・6メートル、16時20分以降には2・2メートルを記録した（図4-11下段）。そうした中で竹筏舟は、黒潮が流れる方向に少しずつ寄せられるように、島へ至る軌道から逸れ始めた。

この間の15時頃から、海上では強い南東風（向かい風）が吹き始め、海上は少し荒れてきた。舵《かじ》が利かず、南東（風上）へ舳を向けられなくなったので、原キャプテンは進路を東にとることにし、5人はわずかな希望を持って漕ぎ続ける。

このときの様子が、図4－11の15～16時と図4－12の上の写真である。イラ1号の左前方（北東）に緑島がくっきりと見えていたが、我々が漕ぎ進もうとしているのはそちらではなく前方（東）。時間を追うごとに、その緑島がまるで左から迫ってくるようにどんどん大きくなっていくのだが、それは舟が黒潮によって北北東へ運ばれているからであり、我々が島に寄れているわけではない。「もっと前に詰められないと島につけない」と、祈るように見守る。

その目標の島は、最初は45度の位置にあったのが、やがて40度、30度と次第に舟の前方へずれていく（図4－12中・下）。それは、今までGPSの航跡図上で理解していた黒潮のパワーを、海の上で目に見えるかたちで、まざまざと見せつけられた瞬間でもあった。私たちはこのとき、はじめて本物の黒潮を体感したのだ。

5人が懸命に漕いでいるのに、島に寄れない。私たちの希望はどんどん縮んでいき、そして夕方の18時30分頃、緑島の沖十数キロの地点で日没を迎えたため、原キャプテンの決断でテスト航海を終了した（図4－11の15～16時の画像に記した白丸の位置）。そのとき緑島は、すでにイラ1号の左側ではなく、私たちの目の前に大きな姿を示していた。私たちは島にたどり着くことができなかったのだ。足りなかった十数キロは、途方もなく大きな距離に思えた。

こうして3月の舟作りから始まったこの年の挑戦が、幕を閉じた。

疲労困憊《こんぱい》の漕ぎ手たちは伴走船に乗り込み、エンジンの力で緑島へ向かいながら、その航海を振り返っている。草に続いて、竹でもたどり着けなかった現実に対し、内田沙希さんから悲嘆の

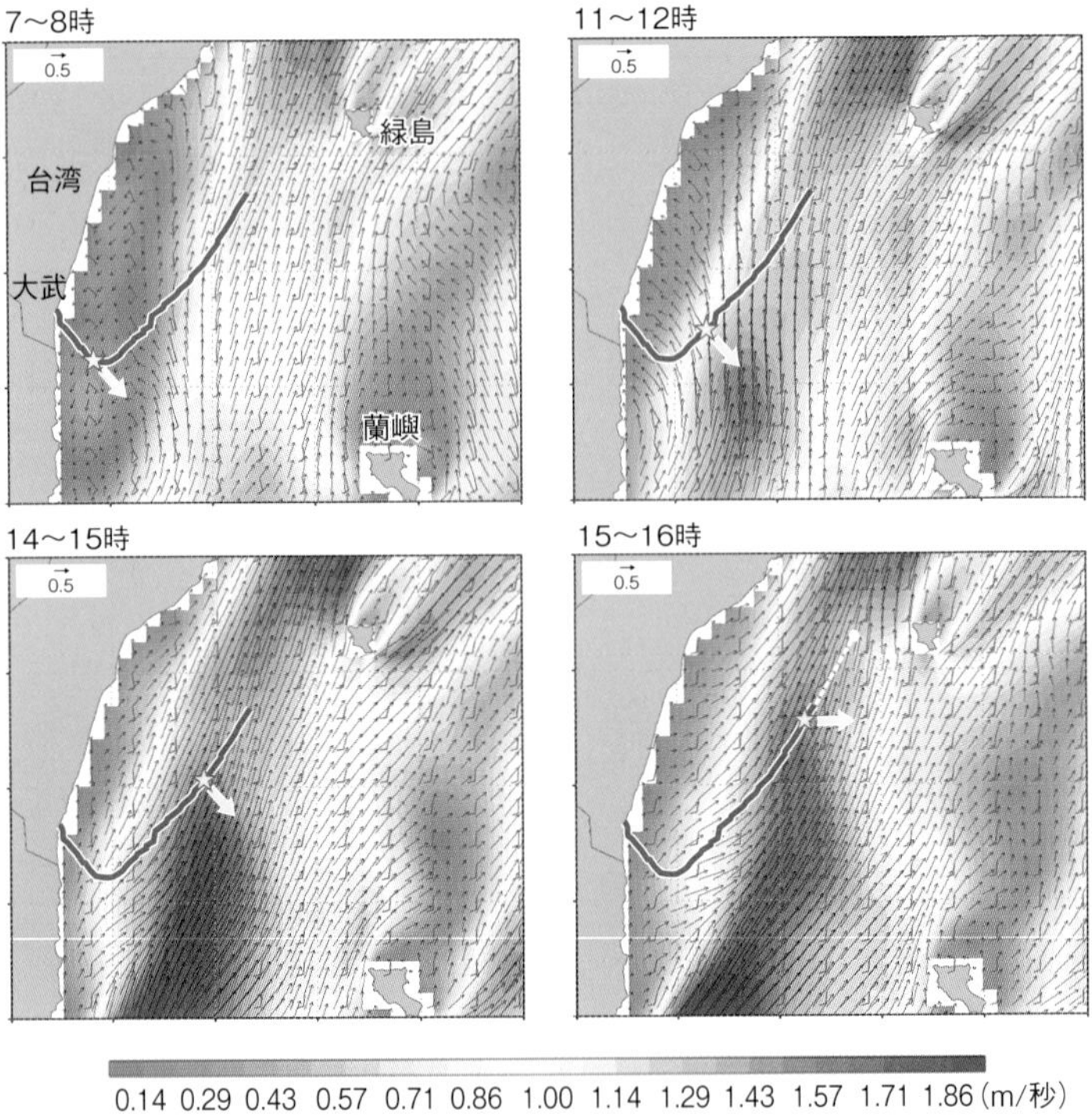

図4-11　2017年の竹筏舟のテスト航海

海洋研究開発機構JCOPE-Tによる6月11日各時間の海流予測図に、航跡を重ねたもの。星印と矢印はイラ1号の位置と漕ぎ進んでいる方向。下部のカラースケールは海流の速さで、黄色～赤が秒速1～2メートルの黒潮本流を示す。航海中にGPSが作動しなくなったため、15～16時以降の航跡は白い破線で右下の図に記してある

図4-12　黒潮に流され緑島に寄り切れなかったイラ１号

（上）15時42分（図4-11の15～16時）の時点では正面（北東）に緑島が見えるが、漕いでいるのは写真の右方向（東）。（中）17時11分、黒潮によって北へ運ばれ島が大きく見えてきた。（下）17時49分、東に寄り切れず、緑島の沖を北に流されていく〈撮影：筆者〉

声が漏れた。「どうやったら着けるんだろう。また謎が深まった。やればやるほど謎になる」

漕ぎ手キャプテンの原さんは「3万年前の人が僕らと違う超パワーの持ち主だったら漕げるんだから、まだわからないですよ」と少しポジティブ。

しかし14時間に及んだ彼らの挑戦を見て、悲観するものは一人もいなかった。たどり着けなかったことへの落胆よりも、感動が勝っていたのだ。伴走船の上ですべてを見守っていた内田監督は、「あれだけ漕いだのに、漕ぎのフォームが変わっていないんだからすごいよ」とねぎらいの言葉。ラワイさんは、とくに内田沙希さんに感激したようで、「身体の小さな女性があそこまでよくできるものだ」とつぶやいた。

その漕ぎ手たちは、「大変な中に面白みがあった」(鈴木)、「黒潮海域を14時間以上も漕いだことに満足している」(内田〔沙〕)、「現代の機器に頼らず感覚だけを頼りにする航海は楽しかった」(原)といった言葉を残している。島には着けなかったが、彼らの中にある3万年前の祖先たちと同じ何かが、少しずつ呼び覚まされているのではないかと、私は勝手に感じていた。

竹のモデルには課題が残ったが、3万年前の謎に迫る実験プロジェクトは、着実に前に進んでいる。

改良した「イラ2号」の実験

2017年6月のこの実験について、内田漕ぎチーム監督は、「舟のスピードがないと黒潮の中でコントロールができない。スピードを上げるために舟の軽量化が課題だろう」と総括している。確かにイラ1号は重すぎた。船体上部に波よけとして置いた竹は不要に思えるし、5人の漕ぎ手を支えるに十分な浮力を発揮していたので、船体の竹を少し減らしてもよさそうだ。とくに底に平行につけた2本の竹は、それで船底の表面積が増えた分、水の抵抗が増してブレーキとなった可能性が高いので、これをなくしてフラットな船底部にしたほうが、舟が速くなるかもしれない。

2018年に再びラワイさんに依頼して製作したイラ2号は、こうした考えに基づき、結果としてアミ族の伝統的な竹筏を模したデザインになった。それは、いわば長方形の絨毯の長辺を両方持ち上げて中央部を少したるませ、前部を反り返らせたようなかたちである（図4-13）。

「竹筏舟の潜在力を見極める」という目的のため、私たちは今回も材料選びにこだわった。太い麻竹の捜索には2ヵ月をかけ、林務局台東林区管理処や各地のアミ族の部落から情報をもらいながら台東県中を探して、ようやくイラ1号と同等の太い麻竹を確保できた。前処理は前回より丁寧におこなうことにし、海岸の砂に埋めてゆっくり乾かすアミ族伝統のやり方も踏襲した。

そうして太い麻竹の数を、イラ1号の11本から7本に減らしたイラ2号は、なんとか5人の男で持ち上げられる重さに仕上がった。しかし実際に海に浮かべると、これでは5人を支えるには浮力不足であることが判明し、後から2本足して最終的に竹9本の筏舟となった。

私たちは2018年の6月（1〜14日）に、この竹筏舟を台湾の海でテストしたが、まだ浮力不足が解消されておらず、漕ぎ手たちが乗ると舟の上面の一部が海面下に沈んだ。水に濡れながら漕ぐのは、暑さが軽減されるという意味では悪いものではなかったが、船体、人、荷物などに海水が触れた状態では、それらすべてが抵抗となるため速度が上がらなくなる。案の定、イラ2号の巡航速度は毎秒0・79メートルほどで、イラ1号より約5％劣っていた。

この2度目のテストで、竹モデルの限界が見えてきた。最良の竹材を使って2つの異なるデザインを試したが、どうやら竹筏舟を漕いで黒潮を越えるのは厳しい。私はアミ族長老と交わした次の会話を思い出しながら、この結論に納得していた。

それは前の年のことだった。真柄部落の長老たちが竹筏の思い出話で盛り上がっていたとき、彼らがどの範囲まで舟を出して漁をしていたのか聞いてみたのだが、「あそこくらい沖へ出ましたか？」「いやいや、そんな遠くは危ないから行かない」「あの岩を越えてその先へ行きましたか？」「いやいや、危ないからその手前までだ」という調子で、意外に遠くへは出ていないことが判明したのだ。続けて、「部落でどなたか遭難された方はいましたか？」と聞くと、いないという。つまり彼らは竹筏の限界をわかっていて、沿岸での安全運転に徹していたようなのである。

最有力モデルの「限界」

3万年前の本命と期待された竹筏舟だったが、2シーズンにわたった検証で、スピードの限界

図4-13　軽量化を試みた竹筏舟「イラ２号」

2018年の台湾での実験では、使用する竹の数を11本から７本に減らし（後に２本追加して９本にした）、船底の形状も平坦にした〈撮影：筆者〉

が見えてきた。イラ1号は黒潮に呑まれて、緑島へ到達できなかった。軽量・シンプル化した2号は、1号を越えることすらできなかった。1号のテスト航海では、漕ぎ手全員の体調が万全だったら、途中で南東風が吹かなかったら、と思わないでもないが、その前にやはり舟が遅すぎる。

さらに別の難点も出てきた。

一つは、竹が割れる、ということである。竹筏の製作では、切った青竹を乾燥させて軽くしてから組み上げる。竹は生きていれば水分を含むが、伐採後に乾燥すると収縮して割れやすくなる。たとえばイラ2号のある日のチェックでは、じつに46ヵ所もの割れが確認され、そのうち7ヵ所では陸上げ後20時間たっても水がしたたっていた。航行中に海水が割れ口から竹の内部に入ったのだ。船体前方の火で炙って竹を曲げた部分でとくに割れが目立ったが、そうでない部分にも多数あった。

割れて節が浸水すれば、竹筏は重く動かしづらい物体と化す。だからアミ族の男たちは、筏の竹が割れないよう細心の注意を払い、そのためのさまざまな前処理技術を編み出していた。彼らによれば、丁寧に処置された竹は、オフシーズンにバラして日陰で保管すれば5年くらい持つそうだが、その処置の中には、竹の皮剝ぎなど鉄器なくしてはできない工程があるので、前述のとおりイラではそれを実施していない。

割れを補修する方法は、ある。１４４ページに記したように、私たちは太平洋地域で広く使われていた伝統技法であるパンノキの樹脂を充填材に使った。しかしこの方法で完全に割れをふさぐのは容易でないうえ、そもそも割れが竹の舟底側でなく側面や上面にある場合は、水抜きすることが困難だった。この割れるという性質は、とてもやっかいな竹材の難点である。

竹仮説のもう一つの難点は、旧石器人がよい竹を入手できたかどうか、にある。私たちの実験では、台湾にある最良の竹素材を使ったが、そもそも麻竹は熱帯性の竹で、現在の琉球列島には自生していない。それどころか、氷期で気候が今より寒冷だった3万年前なら、台湾にすらあったか怪しい。

日本列島に自生している大型の竹の中で、真竹《マダケ》は麻竹のように空洞が大きいが、直径12センチメートルを越えて太くなることはまずなく、麻竹のような浮力は見込めない。これより大型で筍が美味しい孟宗竹《モウソウチク》は直径24センチメートルにもなるそうだが、この種は重量があるだけでなく、歴史時代に大陸から移入されたことが文書記録から知られている。つまり3万年以上前に日本列島へ渡った祖先たちが竹で筏を組めば、それはイラよりも重く、鈍重な筏にしかならなかっただろう。

こうして、3万年前の航海を再現するプロジェクトの中で、竹モデルが脱落した。残された仮説は、あと一つとなった。

製作中の丸木舟のテスト。2018年10月2日、千葉県館山湾にて

第5章 丸木舟 ――最後の可能性

最後に残された仮説が成り立つかどうか、新たな実験を開始しよう。まず3万年前の道具で巨木を切り倒し、丸木舟を作れることを確かめる。それからこの舟に乗り、その特性を知ろう。丸木舟はデリケートで扱いが難しいが、黒潮を越える可能性が見えてきた。

最後に残された意外な選択肢

最初に琉球列島へ渡った祖先たちが、その航海舟の素材に使ったのは、草でも竹でもなかった。そうなると最後に残されたのは、これまでの常識からは考えられなかった選択肢——木を彫り込んで作った舟、だ。

２０１６年の実験開始当初、私はこのプロジェクトで丸木舟を作ることになるとは、正直思っていなかった。丸木舟は、旧石器時代のあとの縄文時代の主力舟である。それが3万年前から存在したとはあまり考えられなかったし、世界のほかの地域においても、この時期の水上航行具は舟でなく筏だろうというのが、専門家の一般的な予測だった。

筏は浮く物体を束ねたもので、先の「竹筏舟」はもちろん、「草束舟」もこの定義に従えば筏である。一方の舟は中が空洞になった単体の船殻を持っていて、その原初的なものの一つが、一本の木をくり抜いて作る「丸木舟」だ。舟を作るとは、そういう船殻を作ることであって、筏を作る発想とは本質的に異なる。

日本列島では、縄文時代の丸木舟の残骸が、全国で160ほども見つかっている。現時点で最も古いのは7500年前（縄文時代早期末）のもので、千葉県市川市の雷下《かみなりした》遺跡で発掘された。木は湿地などの特殊条件下でしか残らないので、160も見つかっているというのは相当な量である。丸木舟は、その後も近代まで日本各所で作られ続け、漁などに使われていた。

縄文時代の丸木舟は、湖や河川のほとりに限らず、海辺でも発見されており、さまざまな水環境で利用されていたことがわかる。縄文人は八丈島に到達し、九州から沖縄島へ土器を運んだことがわかっているが、それらの航海にも丸木舟が使われた可能性が高い。

舟の発展史上、丸木舟の次にくるのは、丸木舟を船底としそれに板を継ぎ足して拡張した「準構造船」だが、これは縄文時代にはなく、日本に出現したのは弥生時代だった。鉄器などで板を作って組み合わせる技術がさらに進歩すると、船底部もすべて板張りにした「構造船」が現れるが、それが日本に出現するのは平安時代以降になる。

したがって日本列島の縄文時代の舟としては、丸木舟が最先端と考えていい。世界を見渡しても、中国、朝鮮半島、ヨーロッパなどで発見されている1万～7000年前頃の世界最古級の舟は、どれも丸木舟なのである。

そこで板を使う準構造船は、3万年前の舟の候補から外れる。さらに丸木舟も候補から除外すれば、次のようなわかりやすいシナリオを描ける――旧石器人の舟は原初的な筏であったが、縄文時代に丸木舟が発明されて、さらに遠くの海へ進出できるようになった。

　ところが前述のように、私たちの草と竹の実験が進むにつれ、この考えに疑問が出てきてしまった。そしてさらにもう一つ、〝3万年前の丸木舟〟という非常識な仮説を検討すべき理由が、浮かび上がってきた。丸木舟仮説の最大の難点は、「旧石器時代の技術で大木の伐採と加工ができるのか」という疑問にあるが、それを可能にするかもしれない石器が、あるのだ。

教科書と矛盾する不思議な旧石器

　学校の歴史教科書には、「旧石器時代は打製石器の時代で、新石器時代は磨製石器の時代」と書かれている。大筋正しいが、私たちの足元に例外があることは、あまり知られていない。日本列島には、3万8000年前頃にさかのぼる、後期旧石器時代の磨製石器が存在するのだ。

　それは刃部磨製石斧《じんぶませいせきふ》と呼ばれる、石の斧である（図5-1上）。砥石で磨いてあるのは刃先の部分だけで、縄文の磨製石斧のように石の全面を磨くことはないが、これを作るのはそう簡単ではない。

　まず斧として適当な、硬質で比重の大きい石材を調達する必要があるのだが、旧石器人はそういう石を数十キロメートル先の遠方まで探しに行った。たとえば長野県野尻湖周辺で活動していた旧石器人は、石斧を作るため、片道60キロメートルほどを歩いて白馬村の姫川まで、透閃石岩《とうせんせきがん》

図5-1　後期旧石器時代の日本列島に存在した磨製石器

（上）長野県野尻湖周辺で発掘された3万5000年前頃の刃部磨製石斧（日向林B遺跡）と砥石（貫ノ木遺跡）。（下）実験に使用した刃部磨製石斧の想定復元品〈撮影：筆者、所蔵（上）：長野県立歴史館、製作（下）：山田昌久ら〉

という石を拾いに出かけたとされる。石を入手したらそれを割ってかたちを整え、砂岩などの砥石で刃先部分を磨くが、この作業はなかなか骨が折れる。その後、木製の柄を用意し、それをうまく装着できれば斧が完成する（図5-1下）。こういう特殊な石器が、今や全国で900点ほども見つかっている。

この特殊な旧石器は、いったい何に使われたのだろうか。動物の解体に使われたとの考えもあるが、石のナイフや礫器《れっき》で事足りるはずの解体のために、わざわざこんな手のかかる石器を作るだろうか。歴史上の斧が木の伐採具であったことを考えれば、旧石器時代のこの石斧もそうであった可能性を疑うべきである。そしてもしそれが伐採・木工用具だったなら、それで丸木舟を作ることができるか、検証実験をすべきである。

それでも前述の理由で、プロジェクトにおいて丸木舟は最後の選択肢だった。さらにこの石器が本州・九州・北海道にあっても、台湾や沖縄で見つかっていないことが（奄美大島からはそれらしきものが発掘されているが確実に旧石器時代のものとは言い難い）、丸木舟で渡来したというシナリオには不都合であった。ところが私がそう考えていた矢先、この認識を一変させるものが発見されたのである。情報の発信源は、オーストラリアだった。

じつはオーストラリアでも、2万年前を超える刃部磨製石斧の存在が知られていたのだが、2016年、そして2017年と立て続けに、オーストラリア最古段階の遺跡にそれがあったと報じられた。その年代は4万7000年前頃なのか6万5000年前までさかのぼるのか議論があるが、どちらが正しいにせよ、オーストラリアにホモ・サピエンスが渡った当初から、そこにこの不思議な石器が存在したことが明らかとなってきた。

これはちょっと不思議な事態である。オーストラリアと日本という、ホモ・サピエンス最古段階の渡海がおこなわれた2つの地域に、最初からこの石器があるのだ。どちらの陸地へ渡った集団も、木工の技術と丸木舟を持っていたと考えたくなる。これだけでは証明にはまだ遠いが、こういう予期せぬ発見があるのが遺跡調査の世界だ。

かくして認識を新たにし、丸木舟の実験をスタートさせるだけの十分な理由が揃った。

〝3万年前の丸木舟〟を作る世界初の実験

私は2017年から、竹の実験を進めつつ、プロジェクトが丸木舟まで及ぶ可能性を真剣に考え始め、2つの新たな予定を組み入れることにした。

一つは、どこかで一度丸木舟に乗ってみて、それがどんな舟なのかをおおよそ理解しておくことである。この構想は京都府舞鶴市のご厚意で実現し、私たちは2017年10月に若狭《わかさ》湾の海で、同市が2005〜2007年に製作した丸木舟「うらにゅう号」（舞鶴市浦入遺跡で見つかった6000年前の縄文丸木舟を参考にしている）を漕いでみた。漕ぎチームの原康司キャプテンによれば、その感想は、「丸木舟のほうがスピードが出たけど、僕の中ではまだ竹筏舟の可能性を捨て切れない。あの安定性は捨てがたい」というものだった。その後2018年のイラ2号のテストを経て、私たちが竹から丸木に乗り換えたのは前章で述べたとおりだが、これから始まる丸木舟製作で、私たちはこの安定性の問題と向き合っていくことになる。

もう一つは丸木舟の製作スケジュールを立てることで、そのために実験考古学者として名高く、縄文時代の磨製石斧で丸木舟を作った経験もある、東京都立大学の山田昌久教授に相談を持ちかけた。山田さんは、旧石器で丸木舟を作るという、世界でも例のない実験にすぐに同意してくれたが、製作には1年以上かかるので早く木を探したほうがよいという。

日本で見つかっている刃部磨製石斧を使うのだが、最終的には台湾を出航して日本列島を目指すので、出発地の台湾の木材を使い、台湾で加工したい。そこで、我々のプロジェクトを熱烈に応援してくれていた台湾の林務局台東林区管理処に相談したところ、親切にも台東県内に直径1メートル級の木があるか、調べてくれることになった。しかし結局、「日本統治時代にめぼしい大木は切ってしまい、植林の歴史が浅いため太い木がない。原生林は保護のため切れない厳格なルールがある。高山にないことはないが、伐採して降ろすのに数千万円かかる」とのこと。林志興さんら台湾の共同研究者も残念がったが、このプランは諦め、木は山田さんに依頼して日本で探すことにした。

山田さんが全国各所に持つ人脈で探してきたのは、石川県の能登地方の山に植えられた、直径1メートルの立派なスギの大木であった。丸木舟は東アジア各地で古くから作られ、縄文時代に限っても、ハリギリ、マツ、クリ、トネリコ、ケヤキ、カヤ、ムクノキ、クスノキ、オニグルミ、トチノキ、スギ、モミ、ヒノキ、アカガシ、ヤマザクラ、カシなど多様な樹種が使われている。私たちはそうした複数の可能性の中で、利用実績のある樹種を選んだことになる。

こうして新たな計画が決まり、２０１７年9月に、能登の現場へ山田さんほか6名の考古学者、私、学生、そして数名の作業者と撮影班が集まり、旧石器で大木を切るという、おそらくこれまで世界で誰もやったことのない実験が始まった。

使う石斧は、山田さんのチームが用意した旧石器時代の石斧の複製品（図5-1下）。石斧の石材には、旧石器人が実際に使っていたとされる新潟県糸魚川《いといがわ》産の蛇紋岩《じゃもんがん》などを、集めて送ってもらったりした。推定して復元した柄は島根県で調達してきたサカキ製で、石器の装着法としては、イリアンジャヤに実在した民族例を参考に、イヌビワの添え木を使って麻紐で縛って固定した。柄は、その長さ、かたち、重量によって斧の機能を左右する、とても重要な要素だ。

この石斧を打ちつける作業を主に担当するのが、山田さんの実験のパートナーの雨宮国広さん。彼は大工だが、テレビの番組企画で一辺30センチメートルのヒノキ材を鋸で挽いて、厚さ2ミリメートルの板を切り出して見せたという、スゴ技の持ち主である。先史時代人は石斧を扱う熟練者だったはずなので、私たちの実験も、斧を扱える名人に作業してもらった。

実験するスギには御神木の縄がかかっていたが、隣の木に神様を移す儀式がおこなわれ、そして実験が始まった。

石の刃先が木に当たり、カッ、カッという小気味よい音が響く。「むちゃくちゃいい音ですね！」と雨宮さん。

期待したとおり、刃部磨製石斧がスギの表面に少しずつ食い込んでいく。あっという間に樹皮がとれ、まず木質部の外周で生きた細胞が活動している白太の部分が、次いでその内部で木化が進んだ赤身の部分が露出してきた。山田さんは、「思っていたよりよく切れている」と、笑顔。「刃先を磨いてないと、木に食い込むときに引っかかって石が壊れてしまいます。それと、磨かれた刃先が直線状でなく丸みを帯びているのがミソで、この形状だから木の中に深く入っていくんですよ」と、刃部磨製であることの意味を解説してくれた。切るというより、小さな薄片を連続的に削り落とし、結果として大きく開いた切れ目を作っていく感じだ。その切れ目は、みるみる大きくなっていった。

もう結論が出たようなものだった。これはいける。時間さえかければ。

作業2日目、雨宮さんが、自作のシカ皮とクマ皮の衣装で現れた。原始人の生活に憧れ、自らを縄文大工と名乗る彼の自作品で、気分が乗るとこれを着るのだそうだ。たしかに3万年前の実験ではあるが……と驚く皆を横目に、「何でみんなふつうの服着てんの～」と、意に介さない。そして石斧で打つ作業の続きが始まった。

ところがしばらくしたら、「あ――！　折れた――!!」と雨宮さんの絶叫。

切れ目の調整作業で打ち方を変えたとき、石への力のかかり方が変わって、破損してしまったのだ。別の石斧に交換したが、今度は石が衝撃で柄の中にもぐりこんでしまったり、柄から抜けてしまうというトラブル。屋久島から送ってもらった別の石の斧の場合は、どうも石質が脆かったようで、根本の部分から折れてしまった。

山田さん曰《いわ》く、「石材の質はもちろんですが、大事なのは石を柄にどう固定するかなんです。それがうまくできていないと、変な衝撃が伝わって、いい石でも壊れてしまう。僕は縄文の石斧は5年間実験して、そちらはかなり理解できたと思っている。でも旧石器の斧は今回が初めてなので、まだどう扱っていいかわからないところがあるんです」。

なるほど。少し前までうまく行きかけていたが、先が思いやられる展開になってきてしまった。ところがこのチームの石器研究者である岩瀬彬さんは、なんだか嬉しそうだ。彼は、石器の破損や石器の刃に残っている微細な傷を調べ、そのパターンから、それぞれの石器がどんな作業に使われたかを推定する専門家なのである。したがって「破損」は彼にとって貴重なデータだ。岩瀬さんは壊れた石器を大事にしまって、宿へ持ち帰った。

巨木が倒れる

3日目に入ると、チームが用意した旧石器型斧の修理が追いつかなくなってしまった。困ってしまったが、旧石器型斧で巨木の伐採が可能であることは十分に確かめられたので、そこからは、雨宮さん自作の刃が厚めで縄文的な石斧も交えながら作業を続けることにした。

そんな中、皆をうならせたのは、その雨宮さんである。彼はやはり名人で、斧を振るうときに狙ったスポットにきちんと当てる。だから作業が無駄なく、早い。そして疲れ知らずで働き続けるのである。先史時代人もそうだったに違いないが、身体の使い方を熟知しているのだ（図5－2）。

そのように進めた6日目のこと、ついに来るべき日がやってきた。前日までの作業で、深い切れ目が両面から入ったスギの巨木は、もう一押しすれば倒れそうな状態になっている。安全のためにワイヤーをかけ、倒れる方向をコントロールしながら、雨宮さんが最後の一振りを入れると、地響きを立ててその木が倒れた。

今回の実験で、後期旧石器時代の技術でも、巨木の伐採が可能なことが示された。ここまでできれば、くり抜きも問題ないはずで、したがって丸木舟を作ることができるだろう。日本列島に古くから存在した刃部磨製石斧の知られざる威力が、明らかにされたのである。

山田さんがこの実験を総括する。「素晴らしい成果だと思います。石斧の固定法に課題が残り、全工程を旧石器型の斧でできなかったことは少し残念ですが、岩瀬さんの研究も合わせて、それは今後の課題としましょう」

山田さんの方針では、今後この丸太はこの現場で1年ほど放置して、自然乾燥させる。乾燥に伴う変形が落ち着くのを待ってから、くり抜くという工程だ。生木の状態で荒削りしてから放置するやり方もあるようだが、ともあれ来夏から、いよいよ丸木舟の整形作業が始まる。

図5-2　刃部磨製石斧による丸木舟の製作実験

（上）2017年9月に能登で実施した直径1メートルのスギを伐採する実験。自作の皮製の服で作業しているのは雨宮国広さん。（下）2018年の夏休みに国立科学博物館で公開したスギの木をくりぬく作業〈撮影：筆者〉

東京で受けたたくさんの声援

能登の山で秋と冬と春を過ごしたスギの丸太は東京へ運ばれ、5月から八王子市にある首都大学東京（東京都立大学）のキャンパスで荒削りされた。そしてその状態で、7月下旬に、東京の国立科学博物館へやってきた。

わざわざここへ運んだ目的は2つ。一つは、ふだん与那国島や台湾を活動の場としているこの実験プロジェクトで、生の実験の様子を大勢の皆さまに見ていただく千載一遇のチャンスだったこと。もう一つは、その時に実施中だった2回目のクラウドファンディングのプロモーションだった。

博物館の特別な計らいで、重要文化財である「日本館」の正面でおこなわれた2週間ほどのイベントは、たいへんな盛り上がりを見せた（図5-2下）。常にビッグスマイルの雨宮さんは、もちろんあの衣装で石斧を振るう。山田さんと岩瀬さんも、監修と記録のために交替で参加。それからプロジェクト事務局マネージャーの三浦くみのさんと、熱心な博物館ボランティアの皆さまに支えられて、猛暑の中のイベントは、事故もなく楽しく進んでいった。

そこには性別・世代も多様な大勢の人たちが見に来てくれたのだが、私はこの現場で、プロジェクトを応援してくれている子どもファンが多くいることに、はじめて気づいた。ちょうどその2週間ほど前に放送されたNHKスペシャル『人類誕生』でクローズアップされたのが大きかったようだが、嬉しい驚きだった。

子どもたちは、こんな寄せ書きを残してくれている。

「黒しおに負けるな　がんばってください！」、「わたしは、たぶんできるとおもうよ」、「早く挑戦がみたい」、「加油（中国語の「頑張れ」）」……。以前に博物館受付に、お小遣いの500円玉を寄付として置いていってくれた女の子との、感動の対面もあった。岡山県からわざわざ来てくれたという母子にも出会った。

以前にテレビ番組でご一緒させていただいた女優の満島ひかりさんも、ボランティアで応援に駆けつけてくれ、こんな言葉を残してくれている。

「島から島へ、たどり着く　その〝感動〟を心まちにしています」

そのほか、ここでは紹介しきれない、たくさんの身に染みる応援をいただいた。感謝しかない。

それにしても、海を越えた祖先たちが、3万年後の子孫たちのこの熱狂を知ったら、どう思うだろう。一方で、今の自分たちはこういう応援を受けて力を得ているが、それがない祖先たちは、何をエネルギーにして海の向こうを目指したのだろう。

あれこれ考えてしまうが、まずはやるべきことがある。舟を完成させ、クラウドファンディングを成功させ、そして本番の実験航海をやり遂げる。当面はそこに専念しよう。

スギメを海で使える舟にする

こうして幸先よく始まった丸木舟の製作実験であったが、その後、完成までに予想外の時間を要することになる。草や竹のときと違い、丸木舟のスペシャリストがおらず、誰も製作を指導できなかったことが原因の一つだ。山田さんは縄文の石斧の実験の一環で丸木舟を試作したことがあったが、実用品としての丸木舟の知識を持ち合わせているわけではない。

丸木舟は、近現代に至るまで日本各地で作られ、漁などに使用されていた。しかしその知識はわずかな記録を除いてほとんど失われてしまったし、そもそも鉄斧で作る近代の丸木舟の知識を、石斧しかない先史時代の丸木舟の参考にしていいのかどうか、怪しい部分もある。考古学者たちが、先史時代の丸木舟の材や形状について調査し報告しているが、そのデザインが舟の機能にどのような意味を持つかを論じられる研究者は、いない。今回は、製作リーダーとしての適任者が見つからなかったのである。そこで私が考えた解決策は、「研究者×作り手×使い手（漕ぎ手）」で、意見をぶつけ合うことだった。

研究者は、縄文丸木舟などの証拠をもとに基本デザインを提案する。たとえば舟の大きさについては縄文丸木舟を越えないという原則を当てはめて、長さ7・5メートルとなった。私たちは最終的に丸木舟の表面を火で焦がすのだが、それも縄文時代に例がある故の決断だった。こうした研究者側の意見をまとめるのに、山田さんに加え、考古学者の池谷信之さんがチームにいたの

図5-3　スギメのテストと修正作業

2018年9月から2019年2月にかけておこなった丸木舟の調整作業では、削っては海に出し、安定性を確認してはまた削る作業を繰り返した〈撮影：筆者、千葉県・東京海洋大学水圏科学フィールド教育研究センター館山ステーション〉

は幸いだった。彼は神津島産黒耀石の研究を通じて海に興味を持ち、独学で船の構造やシーカヤックを学んでいた。さらに親戚に材木屋がいるので、木材にも詳しかったのである。

作り手は雨宮さんだが、「石斧で木を相手にするなら、こういうふうにしか作れない」といった意見をする。実際、私たちの木は日当たりのよい場所に植林されたものであったためか、成長がよく、年輪間隔が広く、そのぶん軽くて強度に不安のある木だった。山田さんは「僕らは旧石器人と違って木を選べない」とこぼしていたが、この現実は受け入れるしかない。加えて、木の中にはその成長の歴史が詰まっていて、かつてあった枝が幹に取り込まれて「かくれ節」となっていたり、落雷を受けたのか傷んでいる部分があったりと、木にはそれぞれの性格がある。それを読み取り、どこまでどう削ってよいかを判断するのは、雨宮さんのような職人の勘に頼るしかない。

そして使い手は、「舟が海で機能するにはこうあらねばならない」という意見をする。実際、基本デザインが決まり荒削りを終えたあとは、海に出して状態を確かめては細部調整するという作業を繰り返したのだが、そこで一番大事になったのは漕ぎ手の意見であった。左右バランスはもちろん、浮力調整、水面上で傾いたときに戻る力（復元力）など、課題は多い。漕ぎ手たちがそれら一つ一つを指摘し、どこまで作り直すべきかを提案するというわけだ。

この製作作業は試行錯誤の繰り返しだった（図5-3）。左右バランスが悪かったときにも、それが船体の微妙な非対称性にあるのか、あるいは目に見えない木材の密度の不均質性にあるのか、よくわからないことが多い。そのように丸木舟を作り上げるとともに、漕ぎ手がこの舟に乗って慣れることを目的とした合宿を、私たちは2018年の9月下旬から、千葉県館山市にある東京海洋大学の臨海実習施設でおこなった。これがとても充実した合宿となったのは、親切な現地職員の皆さまのお陰である。感謝したい。

館山での作業開始に先立って、雨宮さんが主導する進水式がおこなわれ、そこで彼がつけた舟の名が披露された。その名は「シーダー・ビーナス」。「えっ、英語?」——スギの女神という意味だが、3万年前の東アジアの再現なのに、それはないだろう。内田さんが、スギの女神を略して「スギメ」ではどうかと妙案を思いつき、それが採用された。当初はスギメ丸だったが、旧石器時代の舟を模しているので、日本の伝統である「丸」も取ることにした。

スギメの製作作業と海上作業は、当然ながら寒くなる前に終わらせたい。そこで9~10月の間に1週間ほどの合宿を2回計画したのだが、悪天候で海でのテストができない日もあり、この期間では終わらなかった。仕方なく12月に3回目の合宿を計画したがそれでも終えられず、2月最終週に4度目の合宿を決行して、ようやく削り終えることができた。

丸木舟は構造上不安定なので海上テストの際に何度も転覆し、安定性と復元力が大きな課題だったが、粘って作業を続けた結果、漕ぎ手が「これなら行ける」と思えるレベルにまで改善された。

黒潮分流の横断に成功

少し話が戻るが、スギメが未完成ながら舟としてある程度のかたちを成してきた2018年10月3日に、私たちは館山からテストを兼ねた遠征に出てみることにした。目標を伊豆大島の方向とし、ただし島への到達を目指すのでなく、日帰りの範囲で行けるところまで行って帰る、というプランである。海上保安庁に連絡したうえで朝9時に出航したが、そこから思わぬ成果が飛び出てくることになる。

この日は曇りで、目標の伊豆大島は見えず、海上には複雑な波が立つところもあったが、丸木舟の性能をテストするという意味では、それは悪いことではない。東京湾に出入りする貨物船、客船、軍艦、さらに潜水艦を横目に、スギメが伴走船のヨットとともに、伊豆大島を目指す。しかし強い潮の流れがあるようで、スギメは伊豆大島には寄れず南へ下るばかりだった。私たちは昼過ぎにこのテストを打ち切り、伴走船で館山へ戻ることにした。

草や竹のときの記憶が蘇り、「丸木舟も同じか……」と落胆していたのだが、宿に戻ってから思いもかけぬ事実が判明した。

私は海洋研究開発機構の協力研究者である宮澤泰正さんにメールし、彼らの最新鋭システムによる、高精度の海流予測図を送ってもらった（図5-4下）。そこには、この海域に黒潮が入り込み、伊豆大島にぶつかって南北に分岐し、その北側の分流が館山沖をかすめるように流れている

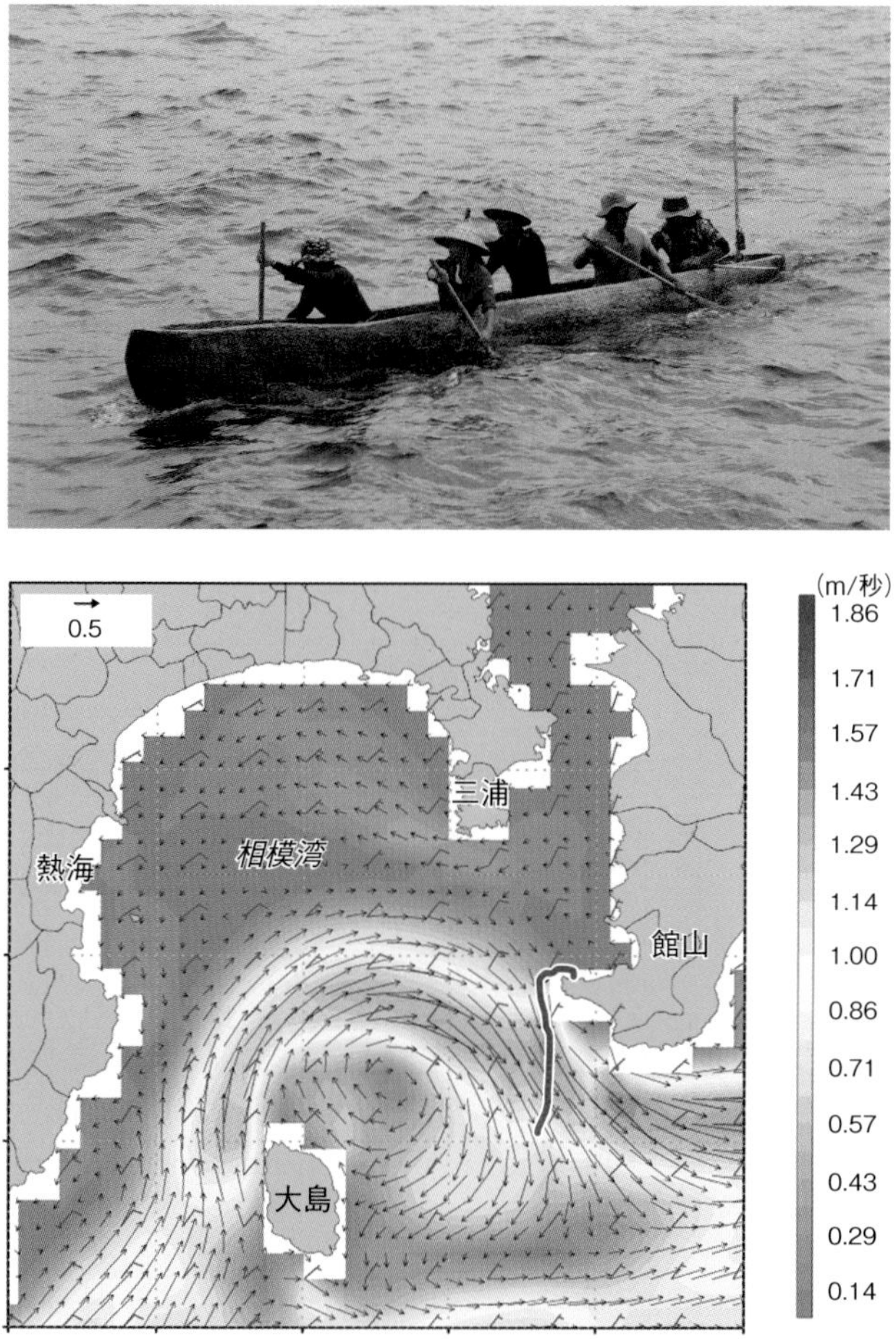

図5-4　製作途中の丸木舟によるテスト航海

2018年10月3日に伊豆大島方面を目指したテストの結果。下図は海洋研究開発機構JCOPE-Tの10～11時の海流図にスギメの航跡を重ねたもの。右のカラースケールは海流の速さ（m/秒）で、黄色～赤が秒速1～2メートルの黒潮を示す〈撮影：筆者〉

のが見える。それは幅13キロメートルほどの流れで、そこにGPSで記録したスギメの航跡を重ねてみると、丸木舟が押されつつもそれを横断していたことがわかった。しかもこの黒潮分流の流速は1・0〜1・7メートルと、台湾〜与那国島間の黒潮本流と同等であった！

これは、海流に翻弄されてなす術なかった過去の経験とは、明らかに違う。この舟は流れに対抗しながら、それを横切ったのだ。もちろん台湾から与那国島を目指す本番時の黒潮は、幅がこの7倍以上とはるかに巨大な壁になる。それでも私たちの丸木舟がこの通りのパフォーマンスを見せられるなら、その壁を越えることができるだろう。

サラブレッドのような舟が完成

4度の合宿の末に石斧で削る作業を終えたスギメは、長さ755センチメートル、最大幅70センチメートルの丸木舟となった。10人以上を乗せる浮力を有するが、漕ぐときに櫂が前後の仲間にぶつからないだけのスペースをとると5人乗りの舟である。

古代舟の条件として、「乗っている人員だけで陸揚げできるくらい軽いこと」というのがあるはずだ。そこでスギメの船体の厚みは、縄文丸木舟として標準の厚さ5センチメートル程度に迫る、7〜5センチメートルまで削った。その結果、コロ（転がすために敷く円柱形の木材など）を使えば押して動かせ、3本のスリングをかけて6人なら持ち上げることもできるようになった。重さは、輸送を担当した日本通運からの情報で、241キログラムである。

舟の性格は底部のかたちに大きく左右されるが、スギメの場合は、おおよそ年輪に従って丸くした。それは縄文時代の丸木舟の中で、古いものは丸底で、平底のような形状が現れるのは終わり頃という時代傾向があるからである。ただし安定性を出すため、底部は少し平らに削った。船首の形状をどうするかは難しく、当初は縄文丸木舟のような丸みを持たせたが、正中に稜《りょう》があるほうが波を切るし舵が利きやすいということで、そのようにした。

浮かべてみてわかった丸木舟の特徴は、草や竹に比べて速度と耐久性に優れるが、不安定で、かつ浮きすぎるということだった。

不安定というのは当初から覚悟していたが、やはりその通りだった。筏と違って丸い船体が水中に沈んでいるので、ころりとひっくり返る。前述のとおり、私たちはそれが少しでもなくなるよう、舟の復元力を高める削り方を試行錯誤した。

浮きすぎるというのは意外だった。筏と違って一つの船殻を作る舟の構造が、それだけの浮力を生むということなのだろう。スギメの場合は、さらに木材が軽いことも影響しているようだ。そこに人が乗ると重心が上に移動するのでバランスが崩れ、グラグラの状態になってしまう。そこで重し（バラスト）を積んで舟を沈める必要が出てきた。人が座る座席も、高いと重心が上にいって舟を不安定化させてしまう。どれくらいの体重の人が、どこに、どのように乗るといったことを、すべて調整しないといけない。

丸木舟のもう一つの課題は、浸水だ。筏は波をかぶっても水が下に抜けたが、丸木舟はそうはいかない。だから古代の遺跡からは、舟や櫂とともに、船内の水を掻きだすための木製の「あかくみ」がしばしば見つかる。

つまり丸木舟は、サラブレッドのようだ。繊細で扱いが難しいが、乗りこなす技術があれば、耐久性とスピードという武器を手に入れられる。

アウトリガーをつけない理由

「不安定な舟なら、どうしてアウトリガーをつけないのでしょう?」という質問もよく受けた。アウトリガーは、船体から横に突き出した棒の先につけた浮きのことだが、これがあればたしかに舟は転覆しにくくなる。しかし「3万年前の航海 徹底再現プロジェクト」チーム（以下、3万年前チーム）なら、「それはむしろ、ないほうがいいですね」と答える。アウトリガーをつけることのデメリットが大きいからだ。

舟が洋上を走っているとき、アウトリガーが波に突きささったらどうなるか。ブレーキとなりバランスを崩すわけだが、それが何度も続くようだと漕ぐほうもつらい。さらにアウトリガーをつけた舟がもし転覆してしまったら、簡単には起こせない。

だから丸木舟単体で十分な安定性が確保できるなら、アウトリガーはむしろいらないということになる。漕ぎの技量がある3万年前チームで、アウトリガーが必要だという声は最後まで出なかった。舟の横に竹のような浮きをスタビライザーとして取り付ける案はあったが、最終的にスギメにつけたのは、波よけのための細い竹のみだった。過去や近現代の手漕ぎ丸木舟の民俗事例をみても、アウトリガーがついている例はむしろ少数派だ。

もう一つ、沖縄に伝わる興味深い漁師の逸話がある。かつて丸木舟のような小型の木造舟で漁をしていたころ、沖で嵐に巻き込まれたら水中に飛び込んで舟をひっくり返し、その中に頭を突っ込んで息をしながら、嵐が過ぎ去るのを待ったそうだ。丸木舟を使う人からすれば、アウトリガーは、必ずしもあればいいというものではないのである。

丸木舟を焼く

2019年5月にスギメを台湾に運んで、現地にて本番直前におこなった作業には、船体表面を焦がして磨くことと、漕ぎ手の座席の位置調整、および波よけの設置があった。

「焦がし」についてだが、彫り上げた丸木舟に火を入れる技は、北アメリカ先住民などで報告されている。それは熱を受けて木材が軟化したところに突っ張り棒を差し込んで、船体の幅を広げるというものだ。つまり丸木の船体形状を、熱で変えるという荒業である。

面白いことに、日本の縄文時代の丸木舟には、火を受けて焦げているものが多い。ただしそれで変形させたという報告は今のところないので、縄文人の意図は、防腐処理や表面仕上げにあったのかもしれない。石斧で削っただけの木は、表面がけば立っている。内面を焼いて磨けばそれがとれて怪我しないし、外面が平滑なら水の摩擦抵抗が減って舟のスピードアップが期待できる。

旧石器時代に丸木舟が存在したとして、この技法が使われていたかどうかはもちろん不明だ。しかし台湾でも琉球列島でも、旧石器人が火を焚いていた痕跡が発見されていて、火を使っている以上、この可能性が否定されるわけではない。3万年前チームとしては、まずは怪我防止を第一の目的とし、スピードアップの可能性を第二の目的として、火入れすることにした。

しかしそれなりのサイズと重量のある舟に、どうしたら焼き目を入れることができるだろう。私たちはまず砂浜に大穴を掘ってそこで火を焚き、その上に丸木舟を転がしながら炙ってみることにした。1人が火を調節して指示を出し、炙っては皆で舟を動かす作業を繰り返したところ、それなりに焦がせたが、均等に焼きを入れるのは難しくまだら模様の舟ができあがった。

きれいに焼けているのと比べればなんだか原始的に見えて、それもいいのではと勝手に考え、これで外面の焼きを終わりにして、内面の焼きに移る。今度はどうするか思案していたら、実験考古学者でこうした作業経験のある山田さんが、焚き火で炙るのでなく火のついた炭を使ってはどうかと提案してきた。そこで、焚き火の燃えかすから焼けている炭を取り出して船内においてみると、見事に焦げてきた（図5-5上）。これは効果的だし、焼きたい場所をコントロールしながら作業できる。いろいろ工夫のしようはあるものだと思いながら、内面の左右と底部を焦がした。

内面と外面の焦がしが終わったら、次は磨く作業である。これは浜で拾った石やサンゴのかけ

図5-5　丸木舟の表面を焦がす作業と進水式

（上）焼けた炭で丸木舟の内部を焦がす作業。（下）2019年5月、地元アミ族の長老がおこなってくれた進水の儀式〈撮影：筆者〉

らをたわしのように使い、全員でおこなった。焦がした部分とそうでない部分を同じように磨いてみると、焼き入れの効果がよくわかる。焦げた箇所は、短時間で見事なまでに平滑に磨けることが実感できた。

座席と波よけをつける

焦がしたあとに、船体と同じスギ材から作った板を座席として船内に固定したが、これがなかなかデリケートな課題だった。座席を下げれば重心が下がって舟が安定するが、下げすぎると漕ぐ腕が舷にぶつかってしまう。そうならないぎりぎりのところまで下げるのだが、漕ぎ手の順番が変われば、座席調整がやり直しになるという悩ましさがある。

もう一つ困ったのは、その固定法。なるべく3万年前らしいやり方をということで、雨宮さん推薦の竹製の釘などを試してみた。悪くないのだが、漕ぎ練習で沖に出て、帰りに丸木舟を伴走船で引っ張って帰るとき、流れ込んでくる水の圧力で座席が外れてしまうトラブルが頻発するので、最後はこだわりを捨て、金属ネジで固定した。

最後に波よけだ。これも旧石器人がつけたかわからないが、丸木舟の弱点である波の打ち込みを少しでも防ぐため、悩んだあげく3種を設置することにした。まず、舟の前後に竹の骨組みを作り、それをなめし皮とビロウの葉で覆った。次に、舟の3箇所に竹のフレームを渡し、それをショウガ科のゲットーの葉で覆ったものも作った。そして横から打ち込んでくる波を少しでも返

図5-6　波よけなどを装着して完成した丸木舟スギメ

右が船首で左が船尾。航海時は、舟の前後のほかに、中央部にもゲットーの葉で作った着脱式の波よけをつけた。船首側のポールは3D VRカメラ用スタンド。後部のポールには夜間安全用の航海灯がつけられている〈撮影：筆者〉

すため、細い竹を左右の舷側にとりつけた（図5－6）。

すべてが試行錯誤だったが、「やってみたら、それなりに効いてますね」（原キャプテン）とのことで、これで本番に臨むことになった。

丸木舟を漕いでみる

こうして完成した丸木舟スギメを洋上で漕ぐと、どのような感じなのだろう。私自身の感想としてレポートしたい。

最初に漕いで感じたのは、軽さだった。ひと漕ぎして櫂を水中から抜くと、これぞ慣性の法則とばかりにスーッと前へ滑る。草束舟や竹筏舟の、漕ぎ続けなければ前に進まない重たい感触が染みついていたので、解放感があった。先史時代にこの舟が登場したときは、一大センセーションであったに違いない。

波や潮が変化する洋上で舟の速度を計るのは難しいが、ＧＰＳの記録から、スギメの巡航速度、つまりふつうに漕いでいるときのスピードは、秒速１・０８メートルほどと思われる。過去に実験した草束舟や竹筏舟より、３割ほど速く走っているということになる。

もう一つの大きな違いは、圧倒的な浮力だ。意外かもしれないが、草束舟や竹筏舟のほうがずっと重量がある。草の場合は浮力を出すために大量の草を使い、それが重さと鈍さにつながっていた。竹も一本ごとの浮力は大きくないため、水上で人や物を支えるには、竹の数を増やす必要があった。結果、5人乗りの舟を10人で運ぶという、困った問題を抱えてしまうのだった。ところが丸木舟についての我々の悩みはその逆で、浮きすぎるということだった。それを抑えるためにバラストを積んだのは、前述のとおりである。

そして、丸木舟の船体は一本の木でできているので、耐久性が高い。草束舟も竹筏舟も、ツル植物による結合部が緩んで舟が解体しそうになることがある。さらに草の場合は船体が次第に水を吸って海水と同化していくし、竹の場合は割れて浸水する難点があった。丸木はこの点が安心だ。

ところが、いいことばかりではない。まず、丸木舟は直進性に難があって、どうしても右へ左へと蛇行してしまう。それを最小限に抑えてできる限りまっすぐ進むには、最後尾の舵取りの役割がとりわけ重要だ。さらに、サラブレッドだと言ったとおり、丸木の船体は、時折、グラッと回転しそうになる。原因は波であることもあれば、漕ぎ手のふとした重心移動でそうなることもあった。

私が舟の揺れに身体の重心移動で対応しようとしていたところ、原キャプテンが教えてくれた。「海部さん、ブレイスを入れるって、こうするんです。漕いだあと櫂をすぐに引き上げずに、一瞬、水面と並行においてから上げます。そうやって舟を安定させるんです」

なるほど。これは簡単だし理にかなっている。早速自分もやってみた。何度もやっていれば、だんだん身体に染み付いて、考えなくても自然にできるようになるのだろう。このように、蛇行や転覆の問題を制御しながら丸木舟を前に進めるには、さまざまな技術を体得した経験豊富な漕ぎ手が必要であることを、改めて実感した。

さて、島を目指すには途中で適度な休憩を入れることも大事だ。安定性と面積がある筏に比べ、丸木舟の上で休むのは難しそうだが、どうだろうか。宗さんは櫂を横において、座ったままその上にうつぶせになるシーカヤックでの休み方を教えてくれたが、3万年前チームの漕ぎ手たちが好んだのは、背中を舟底につけて仰向けに寝てしまうことだった。私もやってみたが、揺れながら前進する舟の中で、そのすぐ外にある水を感じながら空を見上げるのは、最高に気持ちよかった。

こうして舟の準備が完了し、私たちはいよいよ、実験航海に備えるだけとなった。

台湾の太魯閣にある山の、標高約 1200 メートル地点から眺めた与那国島方面の海。天候と時間帯を選べば、ここから与那国島が見える

第6章 黒潮を越える実験航海

本番の航海に出る前に、これから渡る海について知ろう。その上で、後期旧石器時代の祖先たちが、台湾からいかにして目標の島を見つけ、そこを目指すためにどのような作戦を立てたのかを考えたい。待ち受ける困難を予測できれば、成功のチャンスは広がる。

いちばん大事な目的

舟の準備が整い、いよいよ台湾から与那国島を目指す本番の開始というとき、それを番組化するための打ち合わせで、NHKのプロデューサーから突然聞かれた。

「海部さん、これまでの実験で3万年前の舟は丸木舟という結論が出たわけですが、それでさらに本番の航海をやることの意味って何ですか?」

この質問は、プロジェクトの核心に触れている。私は即座に答えた。

「本番の焦点は、乗ってる人です」

「人? どういう意味ですか?」

「舟は人が動かすものですよね。人が舟に乗って何をしたら島にたどり着けるのか、それを知るのがプロジェクトの一番大事な目的なんです」

「3万年前の航海 徹底再現プロジェクト」は、クロマニョン人への嫉妬に端を発し、同時期のアジアにいた祖先たちの本当の姿を知るために、計画した。当時の舟が何かという問題は興味深いが、プロジェクトの終着点ではなく、むしろこれからが本番なのだ。私たちは3万年前の航海を追体験することにより、祖先たちが海上でどんな困難に出くわし、それをどう乗り越えたかを知りたい。私が思う旧石器人の最大の謎は、彼らが作った舟よりも、原始的な舟で遠い島へ渡ることに成功した、彼ら自身なのだ。

祖先たちが見た景色

本番の実験航海の舞台となる、台湾の東海岸へ移動しよう。私たちが丸木舟で目指すのは、ここから東の水平線の彼方にある、与那国島だ。現代の私たちはそのような計画を、どうしても地図の上で考えてしまうが、ここでは頭の中からできる限り現代の情報を消して、旧石器人の視点で捉えることから始めたい。

3万年前の祖先たちは地図を見たことがない。その世界観は、基本的に自分の眼で見て認識したものからつくられる。だからまず、「台湾から見える景色」を把握しよう。

台湾の東側は山がちな地形となっていて、東海岸の大部分では、標高1000メートル級の山が海岸付近まで迫っている（図6-1）。河口に開けた比較的大きな扇状地形が3つあって、現在は宜蘭《ぎらん》、花蓮、台東の都市となっているが、そこも同様に1000メートル級の山々に縁どられ

図6-1　海から見た台湾

（上）台湾東部の山と海の色（2017年6月撮影）。中央付近で海の色が濃くなるのは、水深が数百メートルと一気に深くなり、黒潮影響下の海域に入ることを意味する。（下）2018年6月、漕ぎ練習を終えてキャンプに戻る竹筏舟イラ２号。雄大な山々のおかげで陸地を見失わないことが、海に出るときの安心感を与える〈撮影：筆者〉

ている。

この特殊地形のため、どこへ行っても海と山の勇壮な景色を同時に楽しめるのが、この東海岸地域の魅力だ。実際に海岸からの眺めはなかなか壮観で、中規模河川の河口付近へ行って川辺に立てば、右手に海、左手に渓谷、という具合になる。

こうした東海岸の地形は、過去数万年間あまり変わっていない。台湾のアジア大陸側では、氷期の海面低下時に、水深60メートルの台湾海峡が消失していた。しかし東海岸は地形が急傾斜で、海面が80メートル下がっても陸地はあまり広がらない（60ページ図2-4の地図を参照）。一部の土地は過去3万年間で最大100メートル以上隆起したのだが、どこに山があってどこに谷があるかといった基本的な地形は、今と同じだった。

そういう場所で起こったのは、おそらくこんなことだろう。

旧石器人にとって、山はイノシシやシカの狩場であるとともに、木の実や果物のみならず、舟などを作る材料を得る場所だった。一方の海は、魚や貝を供給してくれる。山での狩りはうまくいかない日もあるが、魚は必ず獲れる。だから彼らは舟を持ち、それを漕いでよく海に出ていた。〈↓海産資源の安定性は、地元のアミ族の「私たちは裕福ではないけれど、畑で野菜を育て、海へ行けば魚がいるので、食べることはできる」という話からも裏付けられる〉

海に出ると、トビウオが水面上を飛行し、水中にシイラの群れが見え、イルカが近づいてきたり、カジキマグロが躍り出たりする。しかしそういうものを深追いして沖に出すぎると危うくなることに、彼らは気づいた。陸を振り返ると、出発地の山や谷とは違う、別の山と谷が正面に見えている。知らぬ間に、舟が北のほうに流されてしまったのだ。慌てて陸へ漕ぎ戻る。

沿岸に変動する潮の流れがあることを、彼らは前から知っている。河川が山から運んでくる泥水が海と交わるとき、その挙動がはっきり見えるからだ。泥水がそのまま沖に分散していくときは、潮の流れがない。しかし泥水が河口を出るなり北へ曲げられたり、南へ曲げられたりするときは、そういう流れがある。この流れが日によって、あるいは時間によって変化することは、ほぼ毎日陸から海を見ているので知っていた。〈↓現代の私たちはこれを潮流と呼んでいる〉

しかし沖では様子が違った。流れは直接見えなかったが、気づいたら舟の位置が変わっていたのだ。別の日にも、また別の日にも同じことを経験した。流されるのはいつも北で、岸辺の潮流のようにその向きが変動することはない。〈↓こうして〝黒潮〟の存在に気づいた〉

同じことを繰り返すうち、岸から離れ、海の色が明るいエメラルドグリーンから、深く濃いコバルトブルーに変わっていくのとともに、その北向きの流れが発生することがわかってきた（図6-1上）。色の変化は海の深さと関係しているように思える。ただし北向きの流れが発生する位置は、海の色が濃い海域の中でも日によって変わることにも気づいた。〈↓黒潮の流軸が岸に寄ったり離れたりと変動する現象〉

そしてもう一つ、この流れの発生を示すサインがあることがわかってきた。水温だ。舟が流される海域では、海水が温かいのである。〈↓黒潮は暖流である〉

ただし沖で少々流されても、慌てることはない。台湾の陸塊が大きいので、それを見失うことはまずないからだ。台湾は南北方向に390キロメートルほどあるうえ、標高1000メートル級の海岸山脈の背後には、さらに高い3000メートル級の中央山脈が控えている。危ないと思ったら、そちらへ漕いで戻ればいい。流されたぶん、移動距離が伸びてしまうが、まあ頑張って漕ごう。海から見える山の稜線や、ところどころ切れ込む谷のかたち、裾野に広がる段丘や、いくつかの目印になる岩など、生まれ育った故郷の地形は全部覚えている。それらを見れば、どれくらい流されたかはすぐにわかる――。

旧石器時代の彼らが、その流れを何と呼んでいたのか、あるいは名前などつけていなかったかわからないが、少なくともそれは、現在国際用語となっている「黒潮（Kuroshio）」ではなかっただろう。台湾沖の「黒潮」の色は、日本近海のその色とは違う。

いずれにしても、台湾から与那国島を目指そうと思ったとき、この流れを計算に入れなければならないことは明白だ。台湾本島から与那国島にもっとも近いのは北部の海岸だが、黒潮の流れには勝てないので、そこから真東へ最短距離を行ったら勝算はない。与那国島を目指すなら、必然的に出発地をもっと南に下げ、自身は東へ漕ぎ進み、北へ流されながら北東方向の島を目指す、という作戦をとることになる。

日出る海に浮かぶ「幻の島」

ここまで、台湾の東海岸にいた旧石器人は、与那国島の存在を知っているという前提で話を進めてきた。与那国島から台湾が見えるので、その逆も当然そうと考えるわけだが、確認は必要だろう。そこで私が人づてに台湾の各所へ問い合わせたところ、「台湾から与那国島は見えません」という、予想外の答えが返ってきた。

地球が丸いので、標高の低い台湾の市街地から見えないことはわかっているが、どこかの山に登れば見える場所があるはずだ。ところが地元観光局に尋ねても、山で生まれ育った山岳民族の太魯閣《たろこ》族の長老に聞いても、見えないという。「標高2408メートルの清水山から島が見え、そこへ舟を出したという古い伝説がある」と教えてくれたアミ族もいたが、太魯閣族の別の男性は「そんな話は聞いたことがなく信用できない」と一蹴した。

見えないのが現実なら想定していたシナリオが崩れ、新たに「旧石器人はどうやって見えない島を見つけたか」という謎解きを始めなければならなくなる。しかし与那国島から台湾が見える事実があるので、どうも腑に落ちない。そこで台湾の博物館などに頼んで、「島を見た方は情報をください」という公開質問を台湾で実施してもらったところ、見えるという情報が集まってきたのである！

それらは宜蘭県から花蓮県にかけての海岸側のいくつかの山の上で、計算上の予測と一致する

図6-2　台湾から与那国島が見えることを確認する現地調査

(上) 2017年8月に訪れた太魯閣の立霧山。海岸からそびえ立っている。(下) 左から筆者、ロッジで世話になった太魯閣族の長老とその息子〈撮影：筆者〉

場所だった。しかしそうでありながら、どうして「見えない」という声が出てくるのかが気になる。そこでどのように見えるのか実態をつかむため、2017年の8月に、私自身が現地へ行って自分の眼で確かめることにした。

観察地点に定めたのは、花蓮市の北部にある太魯閣の立霧山である(図6-2)。台湾随一の絶景を楽しめるという太魯閣渓谷は素通りして、急峻な山を半日以上かけて登り、太魯閣族の長老で日本語を話す張富貴さん(太魯閣族名ローキン・デロン)のいるロッジに入った。

山の上は桃源郷のイメージと重なる美しさで、きれいな水がふんだんに湧くため、ロッジの水道は蛇口を開きっぱなしにしてある。ただし電気が来ておらず、時間があればいつもパソコンを開きたい私には少しつらかった。私はここに4日間寝泊まりしながら、立霧山の海が見えるポイントへ通うことにした。

標高1200メートルほどのそのポイントでは、足元の断崖絶壁の下から一面に海が広がっている(本章扉写真)。その先には、130キロメートルほど向こうの水平線と、140キロメートル先にある標高231メートルの与那国島の一部が見えるはずだった。

しかし現実は、計算通りにはいかない。晴れ空の下、期待しながらそこへ行ったのだが、水平線が見えないのである。太陽が上から海を照らしていたが、遠くのほうでは海の色と空の色が同化していて、高解像度の双眼鏡で凝視しても水平線がどこにあるのか、さっぱりわからない。そのうち雲が出てきて、水平線があるだろう位置を覆い隠してしまった。

私はその翌日、半ば絶望的になりながら、念のため与那国島にいる村松稔さんに電話してみた。

「そっちから台湾見える?」

「今見えてますよ」

「えっ、そうなの?」

これで一つははっきりした。少なくとも今、遠くまで見える大気の条件は整っている。それで向こうからこちらが見えるのは、一つにはおそらく太陽の光が当たる角度の問題で、もう一つは雲だ。つまり巨大な台湾の陸塊は少々の雲ですべて隠されることはないが、与那国島は小さいので、小さな雲にも影響されてしまうということなのだろう。気を取り直して、3日目の調査に挑むことにした。

その日も私は、夜明け前の真っ暗なうちにロッジを出て、1人で山頂付近のあのポイントへ向かった。「クマがいるから気をつけなさい」と長老に言われたが、出会わないことを祈るだけだ。私には期待していることがあって、それは太陽が東の空を昇ってくるときに、明るく照らされる空と、まだ光を受けずに暗い水面の境界線がはっきりと見え、そこに与那国島のシルエットが浮かび上がるというシーン。しかしその朝も雲が水平線を覆い、期待の絵を見ることはできない。やがて太陽が昇ると、その強力な光で東の空に眼を向けることができなくなり、それが済んで日中になると、空と海が同化するあの状況になってしまった。

しかし夕方が近づくと、変化が訪れた。ふと気づくと、雲の合間に水平線がくっきりと見えている。今は太陽が背後から水面を斜めに照らしていて、その光の具合で空と水の境界がわかるようになっていた。私は双眼鏡を握りしめ、必死で雲の隙間を探り続けた。すると、見えたのである！

間違いなく、与那国島。中央に尖っているのは宇良部岳だ（図6-3）。やはり、あった。ここまで来て、粘って、本当によかった。

近眼の自分は望遠レンズを通して見つけたが、視力に優れる狩猟採集民なら、これを肉眼で捉えられただろう。あるいは夜明け前の雲のない日にここに立っていれば、島のシルエットがはっきりわかるはずだ。しかも旧石器時代には海面が下がっていたのだから、今よりもさらに見えやすかっただろう。だから彼らは、島の存在を知っていたはずだ。そういう仮説を立てられる。

しかし見えるチャンスは少なく、朝か夕の雲がないときで、その瞬間に1000メートル級の山の海側にいなければならない。さらに山の上で見えていても、そこを下りたら島は視界から消える。まさか旧石器人が、そこから地球が丸いと気づきはしていないだろうが、そうして水平線上に現れては消える島が、大陸側から見た与那国島だということに気づいた。

さらに興味をそそられることがあった。それは与那国島が、太陽が昇る方角にあるという事実である。私が調査した日はそういう日ではなかったが、時期によっては、この島の背後から太陽が昇ることだってある。まるで島から太陽が生まれるかのように。

図6-3　雲の隙間に姿を現した与那国島

2018年8月27日の夕方に、立霧山の標高約1200メートル地点から望んだ景色。水平線上に島影が見える。中央の尖った山は与那国島最高峰の宇良部岳〈撮影：筆者〉

つまり台湾から見るこの島は、「日《ひ》出《いづ》るところにある幻の島」なのだ。少なくとも私には、そう感じられた。もし3万年前の祖先たちがこれと同じ感覚を抱いていたとしたら、それは彼あるいは彼女の心をどう動かしただろうか。それは彼らを、何かの行動に駆り立てただろうか……。今はいない祖先たちの心を知る手立てはないのだが、こうして見てしまうと、想像が妄想になり、それを抑えられなくなった。

その夜、島が見えた余韻にひたりながら、私はもう一つの気になることを考えた。この山で生活している太魯閣の長老たちは、どうして島の存在を知らなかったのだろう。これは私の仮説だが、農作業のため畑を耕し、そのそばに家を建てている彼らと、狩猟採集民で山や海岸を徘徊していた旧石器人の暮らし方の違いに、その理由があるのではないだろうか。旧石器人たちはキャンプを移しながら野山を歩きまわる生活をしていたので、島を発見するチャンスが多かったと思われる。

古代の航海術

与那国島が台湾から見えることはわかったが、それは山の上からの話で、海岸へ下りたら見えなくなってしまう。台湾のどこから舟を出そうと、与那国島を目指す航海では、目標の島を目視しながら進むことはできない。

しかし太古の祖先たちは、コンパス（方位磁石）も時計もＧＰＳもなしに、そうした島々へ到達した。近代航海計器が発明される以前にどのように方角を探ったのか、参考にすべき技が、今でもミクロネシアの一部の島に伝わっている。それは陸・太陽・月・星・風・波・雲・鳥など、自然を読み取って針路を定める航海術で、「伝統的ナビゲーション」と呼ばれるものだ。

太平洋の伝統的ナビゲーションは、3500〜1000年前頃に、台湾〜東南アジアにいた集団が、ハワイからイースター島に至る太平洋のほぼ全域へ広がったときから存在していたと考えられている（40ページ図1-6）。この太平洋集団は新石器時代の農耕民だったが、コンパスなしに方角を知る手段はこの方法以外にないので、後期旧石器時代の航海者たちも同様のことをしていたに違いない。そこで私たちは、その基本的な技法を「古代ナビゲーション」と読み替えて、自分たちの実験航海に使うことにした。

私たちにその技法を教えてくれたのは、ハワイやニュージーランドで伝統的ナビゲーション（註）をトレーニング中の、内田沙希さんと、トイオラ・ハウィラさんだ。今では夫婦となった2人は、2016年の草束舟の実験から私たちの活動の多くに参加してくれており、機会あるたびにナビゲーションを講義してくれていた（図6-4）。

私たちが与那国島を目指すうえでもっとも重要なのは、東西南北を見失わないことで、それは以下のようにおこなう。

〈陸〉不動の指標であり、見えている限りは一番頼りになる。漕ぎ手は台湾の地形を覚え、頻繁にうしろを振り返って、海上での位置を把握することになる。

図6-4　古代の航海術を習得する

(上) ハウィラさん (写真右端) によるナビゲーション講習会。(下) 与那国島のクロアジサシ。夜は陸上の巣で過ごすアジサシは、島が近くに存在することを教えてくれる〈撮影：筆者 (上)、村松稔 (下)〉

〈太陽〉昼間の絶対的指標で方角だけでなく時間も教えてくれるが、お昼の前後に天頂付近に上がってしまうと、方角はわかりにくくなる。

〈月と星〉夜間にもっとも信頼できるのはこれらの天体。どちらも天空上を動くので、それも含めて理解しておく。暗い夜でも星が見えれば心強い。

〈風〉変動するので常に信頼はできないが、一定時間は同じ方向から吹くことが多いので、指標にできる。天体や陸で方角がわかるときに風向きを確認しておけば、それらが使えない状況になったときへの備えとなる。

〈波〉波は風によって引き起こされるが、現地で吹いている風が起こす「風浪《ふうろう》」と、遠くの風で起こったものが伝播してくる「うねり」を区別している。これらも風と同様に変動するが、一定時間であれば方角を知る指標になる。海上では、異なる方向から来る複数の波が混ざり合っていることが多いが、それを見分ける力が必要となる。

これらに加えて、島を見つけるための知識が必要だ。

〈雲〉島の上にできる特徴的な雲を知っていれば、島影が見えなくても島の指標になる。

〈鳥〉カモメ科のアジサシ（図6-4下）など、毎日陸に帰る鳥は島が近いことを示す。ただし海上で飛びながら眠るグンカンドリなどもいるので、それらを間違えて追いかけたらたいへんなことになる。

〈波と光〉島の近くには島で反射するうねりが発生したり、水中を走る光の具合に変化が生じるそうで、それを使って島が近いことを察知する高度な技術もあるが、私たちはそこまで習得はできなかった。

註）1980年頃にハワイで再解釈して体系化されたもので、「ウェイファインディング」あるいは「スターナビゲーション」と呼ぶこともある。

いつ出航するのか

こうして仮説はできあがった。山の上から島を見つけた祖先たちは、沖を流れる北向きの海流（＝黒潮）のことを計算に入れ、その島を目指すために南から舟を出した。しかしまだ考えるべき大事な問題がある。一年の中のどの時期に舟を出すかだ。

古代の漕ぎ舟の航海には、凪ぎで、風が弱くて、視界が良いという3条件が揃ってほしいが、私たちが草や竹のテスト航海でも苦戦してきたとおり、そういう日には簡単にめぐりあえるものではない。しかも今度の本番は台湾から与那国島へ渡るのであり、両地点をカバーする200キロメートル四方ほどの広域にわたって、2〜3日間この条件が続いてくれないと舟が出せない。

私たちは、過去の気象データとこれまでの経験から、例年7月に訪れる、夏型の気圧配置が整

表6-1　2019年の本番実験航海の参加者

プロジェクトスタッフ

海部 陽介（人類進化学者、国立科学博物館、プロジェクト代表）
三浦 くみの（国立科学博物館、プロジェクト事務局マネージャー）
藤田 祐樹（国立科学博物館、プロジェクト事務局）
川尻 憲司（国立科学博物館、プロジェクト事務局）
内田 正洋（海洋ジャーナリスト、漕ぎチーム監督・安全管理担当）*
山田 昌久（考古学者、東京都立大学）
池谷 信之（考古学者、明治大学）
雨宮 国広（大工、丸木舟製作）
林 志興（国立台湾史前文化博物館、プロジェクト共同代表）
温 璧綾（国立台湾史前文化博物館、プロジェクト事務局）
劉 世龍（国立台湾史前文化博物館、プロジェクト事務局）
黄 春源（沖縄海潜、救急救命）

本番漕ぎ手（年齢：40～64歳　平均48歳）

原 康司（山口県・男、キャプテン）*
村松 稔（与那国島・男）
鈴木 克章（静岡県・男）*
宗 元開（台湾・男）*
田中 道子（北海道・女）*

漕ぎ手サポートメンバー

花井 沙矢香（与那国島・女）
トイオラ・ハウィラ（ニュージーランド・男）*, **

伴走船代表

陳 坤龍（晉領號）
簡 榮坤（緑蠵亀）

サポートスタッフ

姜 尚佑（全方位救護車、救護）
早乙女 竜也
菅田 賢二

公式撮影班

門田 修（海工房）、熊谷 裕達、兒玉 成彦、西山 祐樹

※括弧内は居住地・所属・専門・性別などの情報。* シーカヤックガイド、あるいはそれに準ずる技能者
** 古代ナビゲーション技能者

った直後のタイミングを狙いたいと考えた。この時期は、台風さえ避ければ海が落ち着いており、日照時間が長いので島を発見できるチャンスも多い。

台湾から沖縄にかけての地域では、梅雨が明けると、夏至南風（八重山地方で「かーちばい」、沖縄本島では「かーちべい」と読む）と呼ばれる風速10メートル超の強い南風が吹き荒れる。それが10日間ほど続き、終わると、ゆるやかな南風が吹く本格的な夏の到来だ。これは太平洋高気圧が拡大し、梅雨前線を沖縄から日本列島の北へ押しやっていく過程で、毎年繰り返される気象の変化である。前線の下では天気と風向きが不安定だが、太平洋高気圧が覆うと、暑さは増すものの天候は落ち着く。

ここでとくに重要なのが、風向きだ。海流と逆向きの風が吹くと海面が荒れて、三角形の波がたち始める。この波は船を下から突き上げて不安定化させるだけでなく、丸木舟の場合は船内に打ち込んで浸水の原因になるので、避けたい。黒潮は常に南から北へ流れているから、避けたいのは北寄りの風である。太平洋高気圧が覆う時期になれば、基本的に穏やかな南風となるので、その心配がなくなる。

海の仕事をしている人が多い本番参加者と伴走船のスケジュールを、プロジェクトのプランに合わせるのは一苦労だったが、何とか２０１９年６月25日〜７月13日の19日間を、本番の挑戦期間として確保した。

鈴木 克章
草・竹・木のすべての舟を漕いだ唯一の漕ぎ手
村松 稔
与那国の魂を背負って漕ぎきった役場職員
宗 元開
レジェンドと呼ばれる伝説的カヤッカー
田中 道子
抜群のパドルセンスで丸木舟を操った舵とり
原 康司
経験豊富で常に心穏やかな頼れるキャプテン

〈サポートメンバー〉

トイオラ・ハウィラ

太平洋伝統航海術の次世代の担い手

花井 沙矢香

気力体力のみならず前向き精神でチームに貢献

図6-5　本番の実験航海の漕ぎ手メンバー

丸木舟の漕ぎ手たち

丸木舟を漕ぐ本番の実験航海のため、男女7人の漕ぎ手が台湾に集まってくれた（表6-1・図6-5）。うち5人（宗・鈴木・原・田中・ハウィラ）は舟漕ぎのエキスパートで、その中の3人（宗・鈴木・原）は国内外の海で多彩な経験を積んでいるシーカヤックの職業的漕ぎ手である。5人は草束舟あるいは竹筏舟からの参加者で、田中さんと花井さんはこの丸木舟からの参加となった。エキスパート中心のチームになっているのは、旧石器人は幼少期から自身が保有する舟の操作に慣れ親しんでいたはずであり、その意味で職業的漕ぎ手だったと考えられるからだ。

日本と台湾とニュージーランドから来てくれた彼らを、一人ずつ紹介したい。

宗　元開（そう　げんかい）

1954年、台湾高雄生まれ。ベテランカヤッカーでその名を知らぬ者はいない有名人で、チームでは「レジェンド」と呼ばれる。34歳でシーカヤックを始め、1991年に台湾から鹿児島へ渡る遠征隊に参加。身長158センチメートルと小柄ながら、卓越した技術で数々の長距離レースで優勝をさらってきた。代表例として、奄美大島の40キロメートルレースで3回優勝。1999年にはオーストラリアの111キロメートルレースで優勝（当時の記録はいまだ破られていない）。2000年には、世界トップクラスの選手のみが出場でき、巨大なうねりの中を漕ぐ、ハワイのモロカイ海峡横断レースに出場。サーフスキーの部門にただ一人シーカヤックで参加し、見事に転覆せず完漕した。ドラゴンボートの経験も豊富。

鈴木克章（すずき　かつあき）

1978年、静岡県浜松市生まれの経験豊富なシーカヤック・ガイド。2006年、折り畳みカヤックと自転車による、〝激烈にハードな〟水陸両用の日本一周旅を決行。2007年には、東南アジアの複数の巨大河川を漕ぎ、カヤックによるタイからラオスへの国境越えも経験。2008年にはインドで、ガンジス川源流域の氷河を起点に1000キロメートルを下るカヤック旅を敢行。2011年からは、シーカヤックによる日本一周の海旅をおこなった。手漕ぎ舟でのこれまでの航海距離は、地球半周。ひるまのながればし代表。伊豆ユネスコクラブ顧問。

村松　稔（むらまつ　みのる）

1977年、愛知県生まれ。漕ぎ手チームの中ではちょっと異色の、与那国町職員。他の島人と同様にハーリー（毎年沖縄県各地の漁港でおこなわれる伝統的舟漕ぎレース）に命を燃やす、タフで冷静かつ周囲の信頼の厚い男。漕ぎのプロではないが、マラソンで培った持ち前の持久力と、与那国島への強い想いを胸に、このプロジェクトに当初から貢献している。

原　康司（はら　こうじ）（丸木舟キャプテン）

1972年、山口県生まれ。世界の海を渡ってきたシーカヤッカー。デビューは1994年のアマゾン河4000キロメートルの単独下り。同年より、インドネシア・トギアン諸島にて3年間過ごし、シーカヤックでバジョ族など周辺の海洋民族と交流を持つ。1996年から北極圏を中心に活動を開始し、アラスカ・ベーリング海沿岸1700キロメートル単独航海など、数々の遠征を成功させる。2014年には、史上はじめて、伴走船なしで福岡〜韓国釜山の250キロメートルのシーカヤック横断に成功。「ダイドック」(海霧男の意味)のエスキモー名を持つ。2代目瀬戸内カヤック横断隊隊長。DAIDUK OCEAN KAYAKS & ADVENTURE主宰。

田中道子（たなか　みちこ）

1972年、岡山県倉敷市生まれ。モンベル社員。25歳でカヤックを始め、以来、休日のほぼすべてを費やすほど入れ込み、北米でも修業。「流れてても、凍ってても水と遊んでいたい」と、冬のテレマークスキーのほか、さまざまなパドルスポーツに挑戦し、スタンドアップパドルボートの全日本選手権（サーフボード部門）では3位入賞。持久力・体力には自信があり、シーカヤックの瀬戸内カヤック横断隊（内田正洋隊長）に参加して培われた「折れない気持ち」も持ち合わせる。野生動物などをいち早く発見する観察眼で、島を見つけてくれるか期待。

花井沙矢香（はない　さやか）

1985年、愛知県生まれ。冬は与那国島でサトウキビ刈り、初夏は礼文《れぶん》島で昆布干しなど、季節労働者として日本全国を渡り歩く。体育大学卒業後に、アジア・アメリカ大陸の各地を旅してきた。ネパール山岳協会主催の登山研修に日本人としてはじめて参加し、ヒマラヤの5000〜6000メートル級の山にいくつか登頂を果たす。カヤック歴は1年と短いが、持ち前のパワー・体力・飲み込みの早さを認められ、3万年前チームに迎えられた。

トイオラ・ハウィラ

1992年、ニュージーランド生まれのマオリ。リバーガイドとして、毎日のように舟を漕いでいる。2008年に、マオリの伝統的帆走カヌーに選ばれて乗船したことが、海での大きな経験の始まり。2012〜2013年にはイースター島への航海に参加。さらに2014年にハワイのホクレア号の世界一周航海に部分参加するなどして、ナビゲーション技術を学ぶ。2017年には、ニュージーランド北島からチャタム諸島まで700キロメートル、5日間のナビゲーションを経験し、自信を深めた。草と竹の実験で活躍してくれた内田沙希さんの夫。

丸木舟スギメは5人乗りで、最終的に本番の漕ぎ手となったのは、宗、鈴木、村松、原、田中となったが、花井さんは常にチームを精神的に支えてくれ、仕事のため途中で帰国したトイオラは古代ナビゲーションの講師かつ得がたいアドバイザーとして、それぞれ大活躍してくれた。

彼らを支えるスタッフも大勢いる（219ページ 表6-1）。私たちは丸木舟スギメを日本から台湾に輸送したあと、2019年5月27日〜6月7日にかけてこのチームで現地準備合宿をおこない、舟の作り上げ、安全訓練、漕ぎ練習などをおこなった。そして6月23日に再び台湾の出航予定地に皆が集まり、本番へ向けて最終準備に入った。

これから挑む4つの困難

6月25日から、予定通り本番期間が始まった。この航海の難しさはいろいろあるが、特筆すべきは次の4つだろう。

まず、図6-6の地図に示したとおり、北へ流れる巨大な海流黒潮を越えなければならない。台湾本島で与那国島にもっとも近いのは宜蘭《ぎらん》県の蘇澳《すおう》付近で、与那国島はそこから東へ110キロメートルの海上にある。しかし私たちは黒潮のパワーを考え、出航地を蘇澳から150キロメートル南の、台東県長濱郷にある烏石鼻《うしび》の浜にした。与那国島はそこから北東へ206キロメートルの彼方にある。ここまで離れると、山に登っても与那国島は見えない。台湾の海岸山地で与那国島が見える南限は、私が2017年に調査した立霧山付近で、烏石鼻はそこから105キロメートル離れている。これほど離れた場所が出航地として適当かどうかは、実験航海を終えてから改めて考えたい。

2番目に、海の上で見えない島を見つける作業が待っている。与那国島は少なくとも50キロメートル圏内まで近づかないと海上から見えないので、それまでの150キロメートル以上の航路では、目標が見えない。これは漕ぐほうにしてみれば、なかなかストレスのかかるギャンブルだが、そこへ行くにはそうするしかない。ここでは方角を星や波や風から見定める、古代ナビゲーションを実践する。

3番目に、暑さ・疲れ・眠気と闘いつつ、2日間ほど漕ぎ続ける体力と精神力を求められるだろう。休まなければ身体が持たないが、しっかり休んだら舟が流されてしまう。状況に応じていかにうまく最小限の休憩をとるかが、鍵になる。

これまでの実験や練習で、私たちはこれら3つのどれ一つとして成し遂げたことがない。しかしこれらの困難にはじめて挑むという意味においては、3万年前の移住者も立場は同じだ。彼らがやり遂げたことを、果たして現代の我々のチームができるだろうか。

そして4番目の難しさは、いつ海に出るかという判断だ。3万年前チームでは、天気予報を参照しつつも、最終的な出航判断は、漕ぎ手が目の前の海を見て下すことになっていた。旧石器人のように予報に頼らないのが理想だが、予報は安全確保に必要なので参照することにした。しかし予報は予報で（内田さんの口癖だった）いつも当たるわけではなく、最後の判断は目の前の海を見て自分で決めるしかない。さらにここが大事なのだが、舟に乗る本人たちの気持ちが整っていないときに、他者の指示で出航を決めるのは止めたほうがいい。だから漕ぎ手たちが、自然と「行く」という気持ちになるときまで待つ。

6月23日に現地入りして以来、漕ぎチームは全員、エアコン設備のあるホテルの部屋ではなく、砂浜に張ったテントで寝泊まりしていた。そこで現地の気候に身体を慣らすとともに、毎日海を眺め、出航のタイミングをはかっていた。

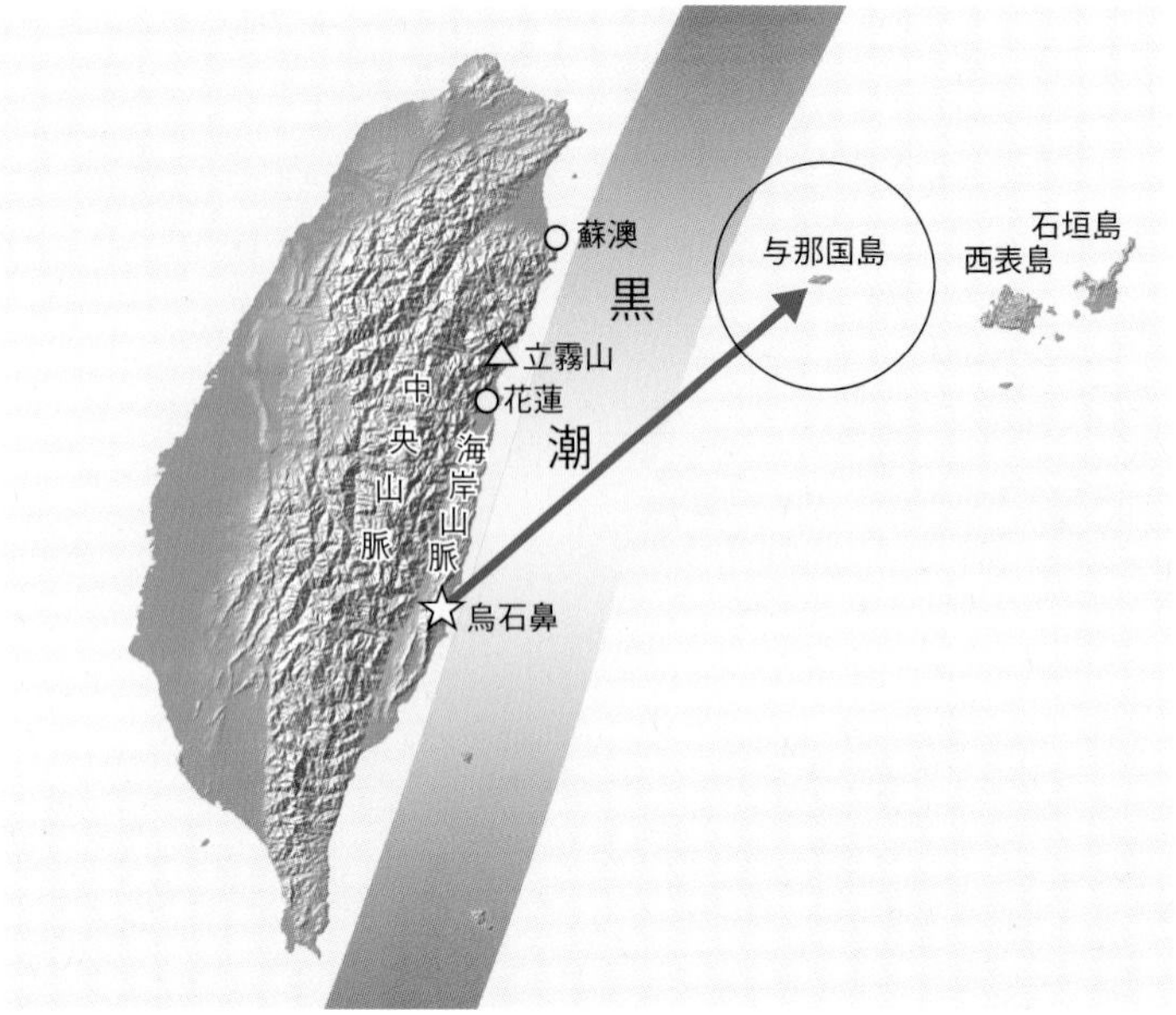

図6-6　本番の航海実験の計画

与那国島にもっとも近い宜蘭県の蘇澳付近ではなく、黒潮の影響を考え、台東県長濱郷にある烏石鼻の浜を出発地とした。烏石鼻から与那国島までは最短で206キロメートル。地図上の円は、天候がよいときに海上から与那国島が見える範囲（50キロメートル圏）〈GeoMapAppから作図〉

出航の朝が来る

大舞台を目の前にした漕ぎ手たちは、どんな気持ちなのだろう。緊張や不安を感じているのかと思ったら、皆、意外にポジティブだった。男女問わず誰もが、「行けると思います」「海況さえよければ大丈夫」と言う。宗さんだけは「やってみないとわからない」と慎重だったが、やる気は満々だ。それは彼らの元々の海での経験値に加え、これまでプロジェクトで実施してきた準備に自信が持てているからだろう。何とも頼もしいことになってきた。

しかし準備は整ったが、出航の日はなかなかやってこない。この年は梅雨明けが遅れ、その後の夏至南風《かーちばい》が長引き、台湾の東海岸では強い南風が吹き続けていた。風がおさまってくれなければ丸木舟は出せないが、そうはならず、我慢の日々が続く。

こういうとき、旧石器時代の祖先たちならどうしていたのだろう。日々の生活をふつうに過ごしながら気長によい日を待ったのか、あるいは行くと心に決めているので、今の我々のように一日も早くよい日が来るのを心待ちにしているのか。いずれにせよ、今はいかに気持ちを維持するかが大切であり、漕ぎチームも事務局サポートスタッフも、それに腐心していた。

そうした中、6月30日午後と、7月5日深夜には、出航のアクションを起こしかけたが、現場の海況が思わしくないとの原キャプテンの判断で、直前になって中止した。今回の最終出航リミットは、伴走船の都合で7月10日朝と決められていて、それまでに出られなければ、この航海は中止となる。

私たちは夏至南風の強風がおさまり、この一帯が高気圧に覆われるタイミングを待っていたわけだが、2度目の出航順延を決断した7月5日時点の予報で、予定期間内にそうなる見通しは、ほぼゼロとなっていた。それでも、風向きが変わるという、最後の望みが残っている（図6-7）。

今は台湾と与那国島の間の海峡に、風速10メートルを越える強い南風が直接吹き込んでいる。しかしこの風の向きが南西に変われば、台湾の巨大な陸塊がそれを遮って、北東側に無風帯が出現する。この無風帯が与那国島や西表島を覆うほど広がってくれればチャンスだ。3万年前の再現という意味では、予報の参照は最小限にしたい。しかしこの状況では、もうそのこだわりは捨てるべきだろう。むしろ安全のためには、予報を精査しなければならない。それまで一番当たっていた予報によると、7月6日頃に与那国島が無風帯に入り、7月10〜11日にはさらに西表島まで広がって安心できる状況となる。そこを突くなら、7月9日に出航すればいい。

しかし3万年前チームは、判断を前倒しした。7月6日のミーティングで、原キャプテンが、翌日7日正午の出航の可能性を言い出した。私の頭はさきほどの予報に引っ張られていたので驚いたが、彼は別の予報も見比べて「こちらがチャンスだ」と迷いがないようだ。キャプテンがそう言うならということで、私たちは現地撤収作業に入り、台湾の共同運営者、出国管理官、海巡署、与那国島の陸上本部やマスコミなど、方々への連絡を開始した。

7月7日の朝がやってきた。青空の向こうに薄雲が出ていて沖の視界条件は良くないが、眼前の海はとても凪いでいる。浜に全員が集まったミーティングで原キャプテンから、「予定通り出航準備に入ります」と告げられ、全員が散った。漕ぎ手たちは、食料の準備や装備の最終確認。私たち伴走船スタッフは、荷物をまとめて車で成功の港へ。他の事務局スタッフは、丸木舟を送り出した後に撤収完了して、空路で与那国島へ先回りする。

私たちは港に設けられた特設の出国審査場で手続きをし、伴走船に乗り込んで成功の港を出た。ところが防波堤の外に出ると、いつの間にか海は大荒れになっている。伴走船は寄せる大波をかわしながら、烏石鼻へと向かった。

丸木舟は正午（日本時間13時）の出航予定だったが、烏石鼻に近づくと、原キャプテンから無線が入ってきた。「海の状況を見極めるため、少し待機します」とのこと。私は3度目の中止もあり得ると覚悟を決めていたが、そのとき浜のほうでは、漕ぎ手たちがこんな会話を交わしていた。

「昼にうねりが出てきて夕方に落ちるのは、ここ数日のパターン。少し待てば行けるよ」「沖の白波もなくなってきた。いい感じだ」「もう1〜2時間待ったほうが安全かも」「あまり引っ張ると日没が近くなるので、少し荒れていても明るいうちに出たほうがいい」

そうして、予定より1時間半ほど遅れて、丸木舟スギメがついに出航することになる。あとから思えば、これは奇跡とも言いたい適切な判断だった。結局私が参照していた予報は外れ、この3日後に、与那国島の海域は再び強風に襲われたのだった。

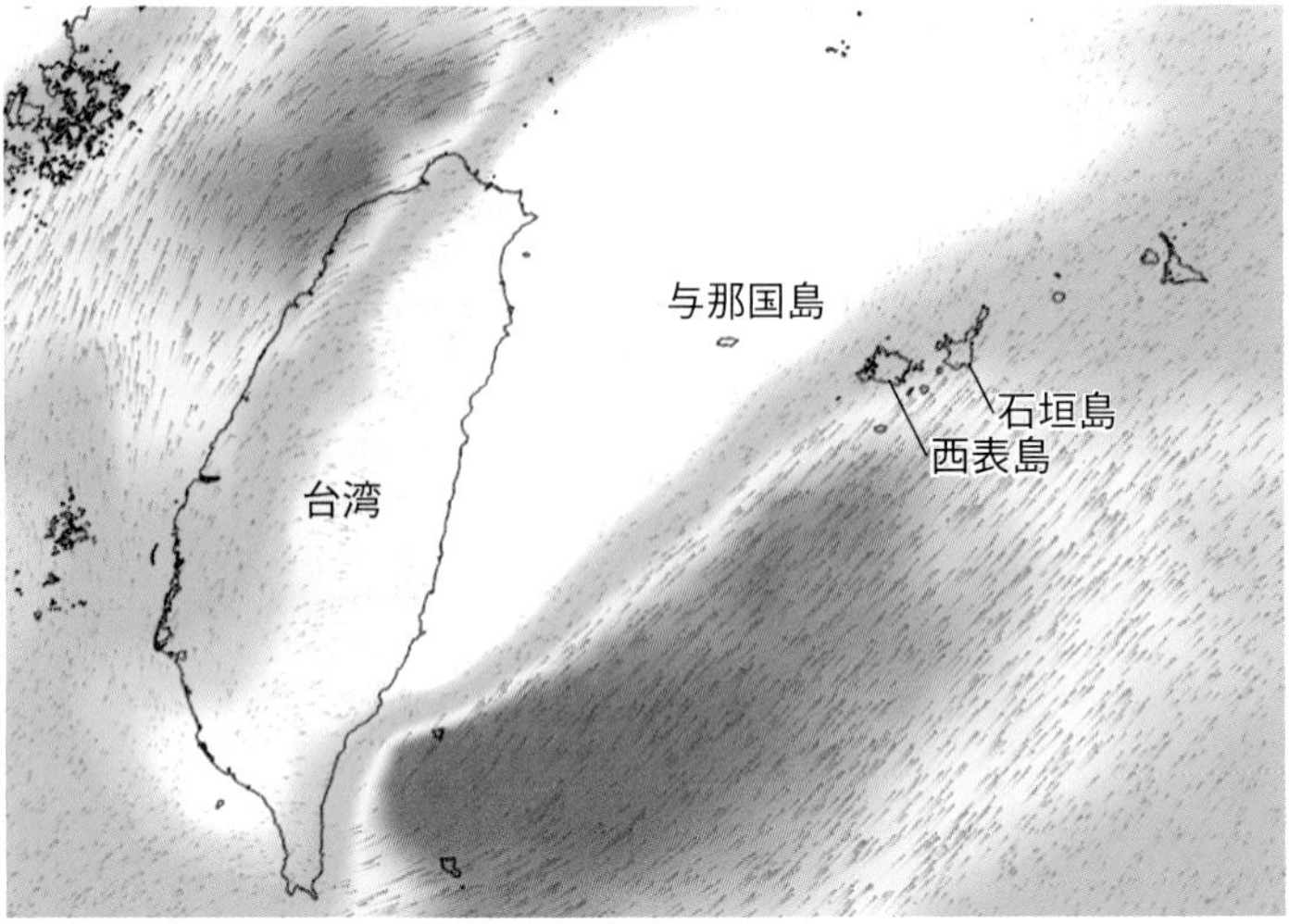

図6-7　丸木舟が出航した2019年7月7日の風

信頼性が高かった気象予測サイトWindguru（ICON）が7月6日に出した、7月7日の風の予測図。数日前まで南から吹いていた強風の向きが南西に変化したとき、風が台湾の高山にさえぎられて与那国島までを覆う無風帯があらわれる（白い部分）。このチャンスを狙ってスギメが出航した。風速：水色＝7ノット（3.6m/秒）以上、緑＝10ノット（5.1m/秒）以上、黄＝18ノット（9.3m/秒）以上、赤＝21ノット（10.8 m/秒）以上〈Windguru（ICON）より改変〉

鳥石鼻の岩を右手に見ながら台湾を出航した
丸木舟スギメ。2019 年 7 月 7 日 14 時 42 分

第7章 台湾から与那国島へ

いよいよ本番の実験航海が始まる。男女５人が漕ぐ丸木舟は、黒潮を越え、その先の見えない島へたどり着けるか――旧石器人が乗り越えたはずの難関に、現代の私たちが挑む。祖先たちが成し遂げたことの本当の重みを理解したければ、これをやるしかない。

ついに、出航

「さあ行きましょうか！」

先頭で漕ぐ宗さんの気合いのこもったかけ声とともに、丸木舟スギメが、台湾の烏石鼻《うしび》の砂浜を離れた。日本時間の14時38分（現地時間13時38分）。予定より1時間半ほど遅らせての出発だ。5人が漕ぐスギメは、烏石鼻の大きな岩の横を滑るように通り抜け、やがて湾の外に達し、私が乗る伴走船には目もくれずに沖へ出て行った（本章扉の写真）。2艘の伴走船（私が乗るクジラ観光船と、内田さんらが乗るヨット）もこれに合わせて沖へ転回し、スギメを斜めうしろから追う所定の位置につける。我々の安全を見守るために派遣されていた、台湾の海巡署の巡視艇もあとに続いた。

この先、伴走船は基本的に黙って丸木舟について行く。3万年前の祖先たちがしたように、進む方向は丸木舟が自分で決める。これまでの実験のときと同じように、もし彼らが進路を誤っても、私たちは何も言わないルールだ。3万年前の再現なので、伴走船は基本的にいない存在なのである。

こうして、与那国島を目指す大航海が始まった。私たちは左前方、つまり北東方向に、与那国島があることを知っている。しかし地球の球面上にあるその島は、水平線の下に隠れており、今はその気配すら感じられない。眼前に見えるのは海と空と雲だけという状況の中、いつかあの島が見えることを信じて進む。

2時間ほど前の状況とは変わり、周囲の海は、かなり落ち着きを取り戻していた。北東から吹いてくる風も、風速3メートルほどとあまり気にならない。水面上を波高0・5メートルほどのうねりが主に右前方（南東方向）から繰り返しやってきて、スギメの船体は、そのたびに波間に隠れたり出たりを繰り返していた。

大きく圧倒的な海の中に放り出された小さな丸木舟を見ていると、それがとても無力なものに見える。しかし今漕いでいる5人は、「行ける」という自信と、「行くぞ」という強い気持ちを持っている。彼らはこの舟の性能と限界をわかっているから、舟の能力を引き出せるし、危険を察知できるのだ。丸木舟は3万年前として考えうる最高の舟。祖先たちは、これかこれ以下の舟で航海に成功している。私たちのチームにできないはずはない。

蛇行しながら東へ

5人の漕ぎ手は、先頭から順に、宗元開さん、鈴木克章さん、村松稔さん、原康司さん、田中道子さん（221ページ図6-5）。前の4人が漕ぎ、最後尾の田中さんは舵《かじ》を取る。舟が効率よく進むよう4人は息を合わせ、1・3番手が右側を漕いでいるときは2・4番手が左側を漕ぎ、適度な間隔で左右を入れ替える。

丸木舟の漕ぎ方については、これまで随分議論してきた。漕ぎ手たちはそれぞれの〝漕ぎ理論〟を持っていてそれがぶつかり合ってもいたのだが、最終的に、チーム最年長で数々の国際シーカヤック長距離レースで優勝してきた宗さんが言う、「重い舟なんだから櫂を横に寝かせるんじゃなく、立てて漕いだほうがいい」という意見に合わせるかたちで、皆の動きを整えた。

目指す与那国島は北東（左前方）にあるが、この先で必ず対面する黒潮によって北（左手）へ運ばれることを考慮し、私たちは東南東方向へ漕いでいる。コンパスなしに方角を知るのは、出航して数時間の間はそう難しくない。台湾の東岸には、標高1000メートル級の海岸山脈が連なり、その背後には3000メートル級の中央山脈が控えている（図7-1）。この巨大な陸塊が北北東から南南西へほぼ一直線に延びているので、それを背負うかたちで陸からまっすぐ離れていけば、それが東南東だ。

実際には、私たちの丸木舟は直進性に乏しく、どうしても左右へ頭を振って蛇行してしまう。

図7-1　台湾の陸地から次第に離れていく丸木舟スギメ

先頭から順に、宗元開さん、鈴木克章さん、村松稔さん、原康司さん、田中道子さん。背後は1000メートル級の海岸山脈。7月7日15時26分〈撮影：筆者〉

そこで左右へのぶれ幅が東から東南となるくらいに調節しながら舟を進めた。そこでは舵とりの役割が、とても重要になる。

その舵を任されたのが、5人のうちの唯一の女性であった田中道子さんだった。内田監督が「天才」と呼ぶ彼女は、抜群のパドルセンスを持ち、そのきゃしゃな身体つきからは想像できないほど漕げる。無駄な筋肉を使わず、疲労を最小限にとどめながら舟を進める技術を身につけているのだ。

その前の4番手の席でキャプテンの原さんが、田中さんに舟を進める方向について指示を出していた。昨年までは、トイオラさんがいなければ自分が舵をとっていた原さんだが、今回はそれを田中さんに譲る妙案を思いついた。理由はこうだ。舵取りは基本的に漕ぎに参加できないので、それでは原さん自身のパワーが活かされない。舵取りは常に方角を示すサインを周囲の自然から探し、考え続けなければならないので、精神的な負担も大きい。そこで舵を田中さんに預け、自分は漕ぎに参加しつつ、要所で舟の針路をチェックして指示し、かつ皆の体調や精神状態に気を配ろうとしたのである。

出航後最初の20分で、スギメはほぼ真東に1・3キロメートルほど進んだ。GPSのデータを見ると、そこまでの平均時速は3・9キロメートル（秒速1・08メートル）である。まだ岸に近いので、北へ流れる黒潮の影響はない。これまでの練習経験のとおりだ。

そこからスギメの航跡が変わり、出発から1時間後には、烏石鼻の岩が背後よりも北側に見えるようになっていた。北へ流されるのではなく、少し南下しているということで、つまり黒潮とは逆方向に動いていたことになる。

じつはこのとき、田中さんが舵を当初計画の東南東ではなく、もっと南の東南方向に切っていた。彼女は黒潮の力を恐れるがあまり、気持ちが南へ向いてしまったのだが、状況を見ていた原さんが修正を指示した。「南に見える三仙台《さんせんたい》の岩が遠ざからないので、まだ北には流されてはいない。あまり南へ行ってしまうと、与那国島の南方を通過してしまう恐れがあるから、当初のプラン通り東へ向かうべきだ」という判断だった。

黒潮圏に突入

スギメはその後しばらく、東南東へ進んだ。この海域では潮流が微弱だったようで、ほぼ漕ぎ進んでいる方向に舟が動いていたことになる。この間も、田中さんは頻繁にうしろを振り返って陸と太陽の位置を確認し、蛇行する丸木舟の針路修正を繰り返していた。

状況が変わったのは、出航後1時間と20分が経過した16時頃のことだった。それは烏石鼻から6・1キロメートル漕いだ地点で、まだ海上の雰囲気はのどかだったのだが、気づくと丸木舟の航跡が変化し、北へ押され始めていたのだ。それとほぼ同時に丸木舟から無線で、「海水が温かくなってきました」との報告が入ってきた。海水に手を入れて水温の変化を見ていた2番手の鈴木さんが、それに気づいたのである。

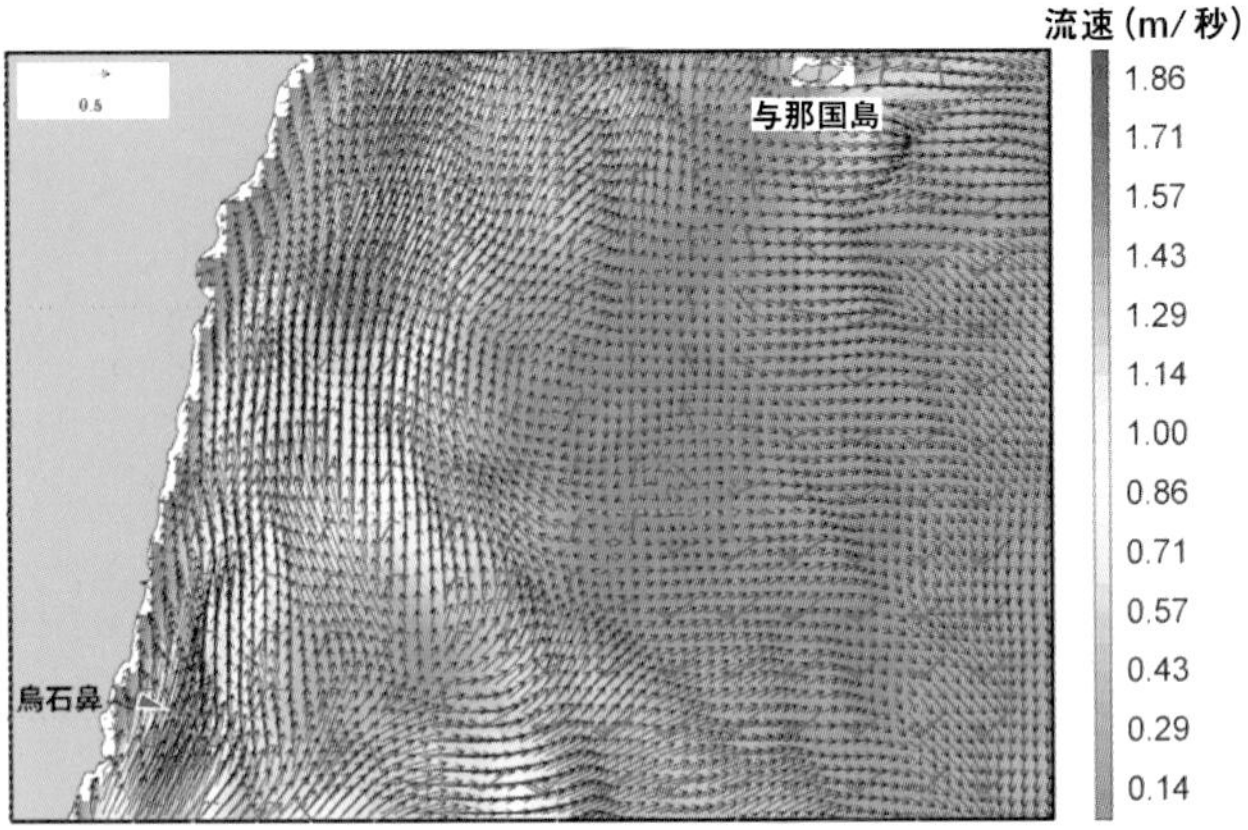

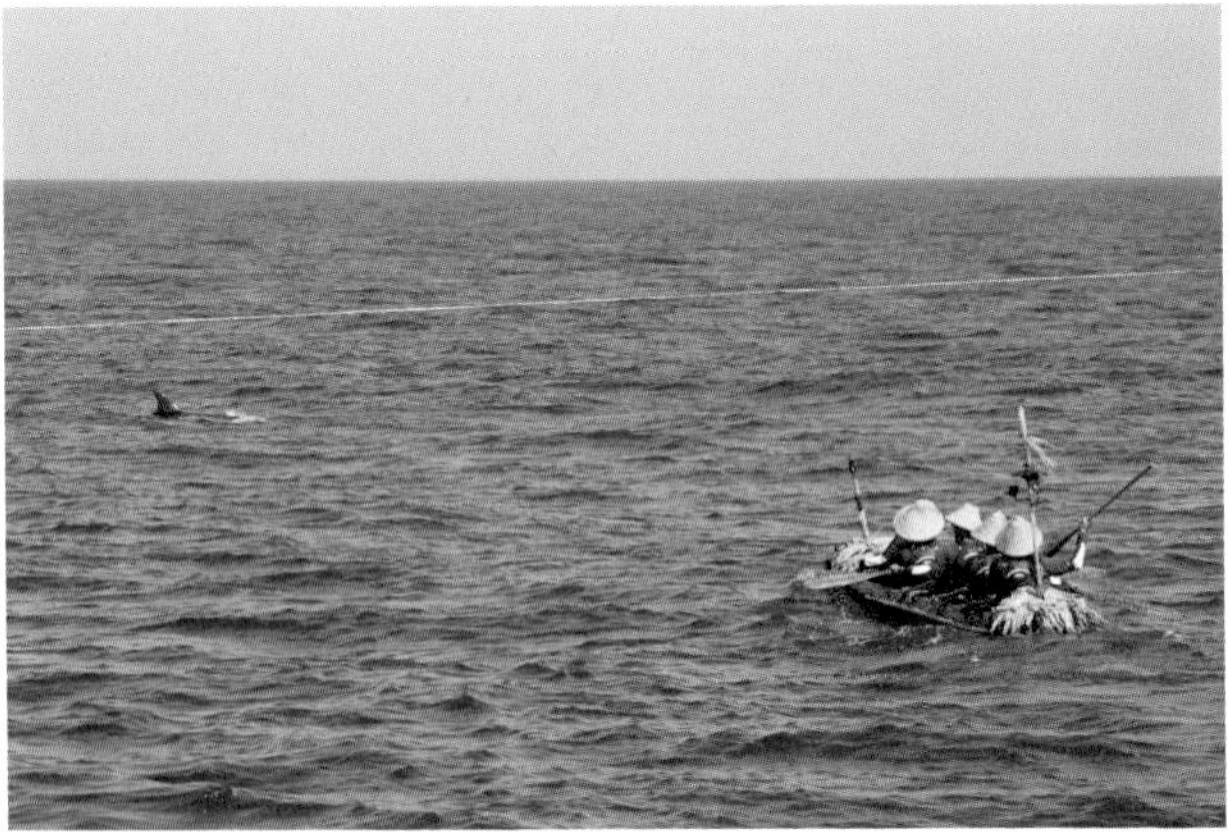

図7-2　黒潮圏に進入した丸木舟スギメ

（上）海洋研究開発機構JCOPE-Tの海流図にスギメの位置を赤い三角印で示した。丸木舟は三角の長軸の方向へ漕ぎ進んでいる。カラースケールは海流の速さで、黄色～赤が秒速1～2メートルの黒潮本流を示す。（下）前方にイルカを見ながら漕ぎ進むスギメ。7月7日16時16分〈撮影：筆者〉

それはまさに、暖流である黒潮のサインだった。後でGPS記録を確かめたところ、16時から10分の間に、スギメの対地速度は時速4・7キロメートル（秒速1・31メートル）から6・6キロメートル（秒速1・83メートル）と、4割増しになっていた（図7-2）。この時点ではまだ秒速1メートル以上の黒潮本流には到達していなかったが、その周縁の黒潮圏に入っていたのだ。海底地形図で確かめると、そこは水深が200から500メートルに急激に落ち込んでいる場所であった。

恐れていた事態

16時16分、イルカの群れがスギメの前を横切っていった。私も含め、カメラを持つものは皆伴走船の前方に集まってきて、盛んにシャッターを切る。「丸木舟と併走してくれないかなあ」という願いは通じなかったが、1頭は二度、三度と海面上に背中を見せながら、丸木舟から20メートルほど先を何気なく通過していった。

このとき丸木舟の方も、「あのイルカにロープ結んで連れてってもらいたいな」と盛り上がっていた。

海上の様子が変わってきたのは、そのわずか後である。

16時半になると、それまで微風だった北東の風が勢いを増し、風速5メートル以上で吹きつけるようになった。強風ではないが、空気の塊が身体にぶつかるのがはっきり感じとれる。この海流と逆向きの風を恐れるのは、この状態が時化《しけ》を呼ぶからだ。

果たしてその通りとなった。風と潮がぶつかり合ってできる三角の波が次第に大きくなり、そこここで白波が立ち始めた。さらに寄せてくる波浪の状態も変わる。それまで南東から来る0・5メートルほどのうねりが主だったのが、風に呼応するように北〜北東から1メートルほどの波が繰り返し入ってくるようになった。恐れていたことだったが、丸木舟の周囲は荒れ模様となってきた。

これまでの練習であれば、もう切り上げて漕ぎ手が伴走船に退避するタイミングである。丸木舟は、荒れた海面を走ると波が打ち込んですぐに浸水し、安定性を失って転覆してしまうのだ。そうなることは、これまでの練習で何度か経験してわかっていた。

興味深いことに、草束舟や竹筏舟ならこの海でもまだ耐えられる。そもそも筏は転覆しにくいし、波をかぶっても海水が下に抜けるので、排水の必要がない。丸木舟は、そういう弱点を抱えた舟なのである。

さて、スギメはピンチを迎えたが、ここでどうすべきであろうか。3万年前の祖先たちなら、無理せず引き返し、後日再チャレンジしようということになったかもしれない。しかし、あらかじめ決まったスケジュールという現代の事情を抱える我々にとっては、もうここまで出てしまった以上、行くか中止かの選択である。

この本番が始まる前の2月に私が山口県の原さんの自宅を訪問したとき、彼はこう言っていた。「本番になったら、ある程度、突っ込まないといけない。これまでの練習では、安全を優先して切り上げの判断を早めにしていたが、実際の航海でも、海が荒れることはある。そこで簡単にやめるようでは、航海の成功はない」と。

その「突っ込む」というのが、どこまでのことなのか、それを判断するのは漕ぎ手自身であり、最終的には原キャプテンの役割だ。この本番で彼らは、「海が荒れて危うくなっても、2回転覆するまでは続けよう」と決めていた。1回の転覆くらいで諦めはしないが、続けて2度ひっくり返ることがあれば、その海況では舟が制御不能になっていると考えるべきだからだ。私たちはこれまでの安全訓練で、丸木舟を転覆させ、起こして再び乗り込んだりレスキューしたりを、幾度となく重ねてきた。そのため仮に転覆しても取り乱すことはないのだが、舟の性能を超えるほど海況が悪化したら、航海の続行を断念するしかない。

夕方の荒れた海上で、スギメは転覆することなく進んだが、波が打ち込んで浸水が始まっていた。3番手の村松さんと2番手の鈴木さんが、ほぼ交互に、漕ぐ手を止めては舟内の海水を懸命に排水しているのが見える。

黒潮本流

風が吹き始めた16時半頃、台湾を振り返ると、さきほどまで北側に見えていた烏石鼻の岩が、ほぼ真うしろに来ていた。その黒ずんだ岩は、時間の経過とともに次第に南へずれていく。同時

図7-3　時化た海上を行く丸木舟スギメ

７月７日16時半頃から次第に風が強まり、白波が立ち始めた。７月７日18時27分
〈撮影：筆者〉

に、漕ぎ手にとって右手遠方（南側）に見える三仙台の岩も、急速に遠のいていった。北へ運ばれているサインだ。丸木舟の航行距離が10・7キロメートルに達した16時40分以降の記録を見ると、その対地速度は時速7・5キロメートル（秒速2・08メートル）前後と、烏石鼻出航直後と比べ倍近くになっていた。

スギメはこの時点で、黒潮本流に入ったのだ。後日おこなった海洋研究開発機構のスーパーコンピュータによる海流解析（JCOPE-T）では、このときの流れは毎秒1・36メートル（時速4・9キロメートル）ほどだった。この地点での水深は2000メートルを越えており、それはまさに黒潮本流の海域であった。

漕ぎ手たちは、この流れの変化を把握できていただろうか。私たちは当初、黒潮本流による水圧が、櫂を握る感触や丸木舟本体の傾きの変化として感知できる可能性を期待していた。これは1ヵ月前の準備合宿のときに、原さんたちが気づいた方法である。しかし残念ながら、時化で舟が上下左右に揺さぶられる中、それは叶わなかった（図7-3）。「あの時はそれどころではなかったです」と、あとで原さんは私に言った。

止まぬ北風

北風が強まってからというもの、それまで舵を右に入れたり左に入れたりして舟の蛇行を調節し、ときに数回漕ぎを入れていた田中さんの動きがすっかり変わった。ほとんど漕がず、舵櫂をずっと右側の水中に挿したままなのだ。丸木舟が風に反応し、放っておくとその舳《へさき》を風上である北へ向けようとするので、それを防いでいたのである。

そうして風に揺さぶられながら、スギメは不意に襲ってくる大波と闘っていた。とくに北から迫ってくる波を左舷にまともにくらったら、一発で浸水してしまう。原さんと田中さんはこれを避けるために、まず危険な波を早くみつけ、次にそれが来る前に船首を北に回し、波に乗り上げてかわそうとしていた。そしてその動作が終わったらすぐに、船首を東へ戻すのである。

一方で前方の漕ぎ手3人は、針路の操作は後部の2人に任せて全力で漕ぐことに集中している。「ある程度スピードが出ていないと舟の舵は利かないので、ここで自分たちの役割は舟を前に動かすことだと考えてました」と、鈴木さんはあとで説明してくれた。宗さんは、「大波が来たときは、そこに乗り上げるように、タイミングをはかって勢いよく水を掻くんです」と教えてくれた。

緊張の時間が続き、5人の誰もが休まず漕ぎ続ける。喉が渇いていても一息入れている場合ではないので、さっと水を口に含んだらすぐまた漕ぎに戻る。田中さんなどはさすがにここでは食欲が出なかったというが、鈴木さんはゼリー飲料を口にくわえながら漕いだ。

舟は波で上下に揺れ、左右に振れたが、それでもほぼ計画通りに東方へ漕ぎ進んでいる。このとき、方角を知るためのもっとも信頼できる手掛かりは西に傾く太陽だったが、それは背後で少しずつ遠ざかる台湾の山脈の向こう側に、落ちようとしていた。

舟の前方にはどんな手掛かりがあっただろうか。雲の間から太陽の光が射したときは、影を見ればよかった。そして海況悪化の元凶である風と波も、方角を教えてくれていた。この時間帯の風は北東で、それに呼応した波が北～北東から来ていた。

意外な展開

緊張がまだ続く中、私は感心しながらスギメを眺めていた。海の振る舞いを知る5人の現代人パドラーが、その動きを見て危険を察知し、一方で方角を見失わぬよう周囲の自然から使える情報を抜き取りながら、瞬時の判断で舟の操作を変える。この修羅場でも集中力を絶やさず、慌てず、冷静に、漕ぎ続ける。舟の操作は各人が握る5本の櫂と、各人の身体を使った重心移動でおこなうわけだが、そこにも経験者だから繰り出せる多彩な技がある。そしてもちろん、舟がバランスを崩さないためには、5人の動きが阿吽《あうん》の呼吸で調和していなければならない。

こうした一連の作業をこなせる者だけが、この困難を乗り切れる。3万年前に琉球の海を越えた祖先たちも、きっとそれだけのものを持っていたに違いない。いやむしろ、原始的な漕ぎ舟しか持たず、それに幼少期から親しんでいたはずの彼らは、もっと熟練した漕ぎ手だったかもしれない。

目指す方向へ着実に進むことに加え、もう一つ、忘れてはならないことがある。海上での丸木舟の位置を把握することだ。今回はある意味わかりやすく、この海域で常に北北東へ流れる黒潮に、どこまで持っていかれているかがポイントである。急激に北へ流されていることがわかれば、漕ぎ進む方向を南寄りに変えるべきであろう。逆にあまり流されていないなら、北寄りにシフトすることになる。この判断を間違えば、島にたどり着くチャンスを失ってしまうのだが、時化た海を進んでいるスギメはどうだったのだろうか。

じつはこの日は、私たちの経験の中でもかなり視界の悪い日であった。よいときは直線で110キロメートル離れた与那国島からでも見える台湾が、10キロメートル沖に出ただけで霞んでいたのである(図7-4)。

そして17時30分頃、右後方に見えていた三仙台の岩が、霞んで見えなくなった。見通しのよい日ならもっと遠くからでもくっきり見えるこの巨岩だが、漕ぎ手が頼りにしていた大事な指標が一つ失われてしまった。

そして丸木舟の5人にとって、自分たちがどれだけ黒潮に流されているかが、わかりにくくなってきた。原さんは、「北風によって、黒潮による北への押し上げが少し抑制されているかもしれない」と冷静に考えていたが、その効果を推し量るのは難しい。じつはこのとき私が乗っている伴走船からは、真うしろに長濱の岬があり、その北に静浦の渓谷が見えていた。この位置でこの景色が見えるというのは、あまり黒潮に流されていないという意外な展開を示すものだったのだが、丸木舟では身をよじって振り返るとバランスが崩れるため、それがままならず、確認できていなかった。

図7-4　沖に出るにつれ、台湾は霞んで見づらくなってきた

天候の良い日は110キロメートル離れた与那国島からも見える台湾が、10キロメートルほど離れただけで霞んで見えにくくなってきた。7月7日16時56分〈撮影：筆者〉

18時15分頃、私の携帯電話へ台湾からの電波が届かなくなった。ここからは伴走船と陸上との通信は、イリジウム衛星電話に頼ることとなる。やがて日没間近になったとき、丸木舟の後部で、暗くなると自動発光する安全用の航海灯が点滅を始めた。もう海上に太陽のパワーは届かなくなっており、漕ぎ手たちは日よけのための帽子を脱いで、頭に風を直接受けながら、暗がりを漕ぎ進んだ。

最初の夜

原さんも鈴木さんも、北風は夕方までに落ち着くだろうと、少し楽観的に考えていた。ところがそうはならず、19時45分（現地時間では18時45分）の日没を迎えたとき、風はやや弱まったものの止む気配を見せない。それから30分後には周囲が一気に暗くなり、海上が時化たまま、私たちは夜の海の世界へと入っていった。

背後で、太陽が沈んだ西の空はまだぼんやり明るい。その上空には、上弦の月が出ている。しかし漕ぎ手たちの前方に広がる東の空は、ただただ暗く、星がまったく見えない。雲が立ち込め、頼るべき方角の指標を覆い隠してしまっているのだ。

「せっかくの本番なのに何てことだ」

私は落胆に腹立たしさが入り混じった気持ちになったが、自然相手に感情をぶつけても仕方ない。今できるのは、別の情報を何とか探して、それらを最大限うまく使うことだけだ。

背後で見づらいが、月が沈むまでの3時間ほどは、少なくともそれが方角を示す。さらに北風と北東うねりも、指標にはなる。当面はこれらで凌《しの》ぎ、時間の経過が状況を改善することを期待しながら、先へ進むしかない。

夜の20時半になっても、西の空にはまだかすかに太陽の痕跡が見て取れた。次々と手掛かりが失われつつあり、この先どうなるかと思っていた矢先、天頂の雲の間に、アルクトゥルスが光った。そして南西の空には、一瞬だったが木星が顔をのぞかせた。

折しも今日は七夕の夜。その主役である織姫星（ベガ）と彦星（アルタイル）が出てくれれば、それぞれ北東と東を教えてくれる。3万年前に七夕伝説はなかっただろうし、新暦の七夕は旧来の七夕とは時期が違うそうだが、とにかくこの2つは、我々を目的の場所に導いてくれる大事な星なのだ。

そう願い続けてしばらくした20時45分、雲の隙間に、わずかな間ではあったが、ベガとアルタイルが姿を現した。そして周囲が完全に暗くなるとともに、風が明らかに弱まってきた。よい予兆だ。あとはこの先、どこまで雲が晴れ、風が弱まり、水面が落ち着いてくれるかである。

暗闇の中、伴走船は、丸木舟の後部に装着した点滅する航海灯を追う。しかし丸木舟の上で5人がどうしているのかは、こちらからはあまりよくわからない。彼らも緊急時に備えてヘッドライトを持っていたが、それを使ったのは、船内にたまった海水を排除するときなどに限定していた。暗い夜の海とはいっても、洞窟のような真の暗闇とは違う。月や星のわずかな灯りがあり、眼が慣れてくると、ある程度周囲がわかる。前方にはグレーがかった雲と黒い水面の間に、水平線が確認できた。しかしまだ星空というほどの状況には遠く、鍵になるいくつかの星が、5分ほど見えたり隠れたりを繰り返していた。

星がまったく見えない絶望感から解放されつつあるのは、救いだ。しかし漕ぎながら頭を上げて首を回し、あちこちに見え隠れする星をちらっと見てどの星かを判断する作業は、続けていると負担になる。その中で、背後の西の空で強い光を放つ月が、頼れる存在となっていた。しかしそれを頼れるのも、あと2時間ほどだろう。

そんなとき、21時頃だったのだが、台湾の海巡署の船が、私の乗る伴走船に突然近づこうとしてきた。強烈なライトをつけたその巡視艇は、我々の船より一回り大きい。驚いたが、先方は飲み物を差し入れたいので船を横付けにしてくれと言っているらしい。その船上で、眩《まぶ》しいオレンジ色の作業服に身を包んだ6人ほどの若い船員たちが、準備に動いていた。

我々の安全を守るだけでなく、このチャレンジを応援しようとする彼らの気持ちが伝わり、嬉しかった。しかし結局のところ2つの船は波に大きく揺られ、接近は危険と判断して、我々は申し出を丁重に断った。まだ、海はそれだけ時化ているのだ。

星空の下で

耐えるべき時間は、この先どこまで続くのだろう。状況はわずかに改善の兆しを見せているが、依然として海面の状態は丸木舟にとって厳しく、星は道標としてまだ頼りない。21時半頃、その夜初めて北極星が姿を現わした。同時に北斗七星のひしゃくの柄の部分も見え、その後、北の空では次第に星が増えていった。

それからしばらくして、海の上は少し冷えてきた。寒いというほどではなく、漕ぎ手にとっては歓迎できる気温だ。この夜の数少ない好材料の一つである。

そこへ丸木舟の右側遠方から、タンカーらしき大型船が近づいてきた。前方であんなものと交差したらたいへんだと少し緊張したが、こちらのスピードがあまりに遅いので、結局その大型船はスギメのはるか前方を、右から左へと通過して行った。

前方では、木星とベガ（織姫星）はよく見えていたが、22時になる頃にアルタイル（彦星）が再び現れ、そしてデネブが初登場し、ようやく「夏の大三角形」を構成する3つの1等星が勢揃いした。

その30分後の22時半には、南東の上空にさそり座と土星も姿を見せ、空は見違えて賑やかになってきた。風も弱まってきて、急に空気のじとっとした湿り気が感じられるようになる。海上にはまだ白波が残っており、予断を許さないが、波も目に見えて穏やかになっている。

このタイミングで、漕ぎ手たちは、ようやく休憩を入れるようになった。時はすでに夜半。出航から8時間、時化始めてから6時間が経過している。転覆することなく、何とか荒海を乗り越えたという安堵感で、少し肩の力が抜ける。

ただし自分たちはまだ黒潮の上にいることを、忘れてはならない。だから東へ漕ぎ進める手を止めるわけにはいかない。各自の判断で休憩はできるだけ短時間にし、一息入れたらまた漕ぎの戦列に復帰する。

夜半のアクシデント

23時をまわると、完全ではないが、雲がかなり晴れて一気に星空が広がった。織姫星と彦星はもちろん、二人の間を流れる天の川も、もうすぐ見えそうだ。ところが零時になると、また雲が出てきてしまった。

星はきれぎれで頼りなくなったが、もう背後の月もない。緩やかな北風にも頼りながら、何とか空に手掛かりを探して舵を切る。

じつはこのとき、伴走船上の私は、北西の空がぼんやり明るくなっていることに気づいていた。これはおそらく、山のはるか向こうの大都会である台北市の街明かりが、雲に反射されて見えるものである。漕ぎ手には知って欲しくない指標だが、彼らは丸木舟から後を頻繁に振り返ることはしないので、おそらく問題ないだろうと考えていた。

日付が変わった深夜1時過ぎに、また大型船が現れた。今度は丸木舟の進路と重なりそうだったので、こちらが一時停止して回避した。その頃から雲が上空を覆い始め、やがて星がほとんど見えなくなってしまった。

スギメは再びピンチを迎えてしまったのだ。雲は無慈悲なほど厚く、伴走船上で自由が利く私でさえ、星による方角を見失うありさま。頼りにしていた風向きも、微風となった今ではほとんど役に立たない。それでも丸木舟は進むべき方角を誤らずに、じわじわと与那国島へ近づいていった。

アクシデントが起きたのは、そんな状況がしばらく続いた午前3時40分だった。スギメが船首を真北へ向けて進み始めたのである。黒潮上を黒潮の流れの方向に漕いだら、東へ向かいたい私たちのプランが台無しだ。しかし伴走船上からは位置や方向を教えないルールがあるので、私たちも状況がわからぬままついて行くしかない。

落ち着きを取り戻した海上は、暗いがとても静かで、風向きは北西からの微風に変化していた。その中をスギメは、不可解な北への航海を30分間続け、それから突然、本来の東へ進路を修正した。

あとで聞いてわかったことなのだが、このとき田中さんが、例の台北の街灯りを見てしまい、それを夜明けの薄明かりと勘違いし、そちらへ舵を向けてしまったのだ。そのとき、北の空はかなりクリアになっていて、カシオペア座が見えていたし、北極星が顔をのぞかせる瞬間もあった。しかしひとたび〝太陽〟を感じてしまった彼女の眼には、それらが入らなくなっていたのである。

午前4時10分、この間に休息をとっていた原さんが起き上がって戦列に復帰したところ、進行方向の目の前に、なんとカシオペア座が見えていた。これで誤りに気づき、スギメは進路を修正した。

この30分のロスをどう評価し、どう航海計画に反映させるか。丸木舟の乗員であったなら、それを考えなくてはならない。原キャプテンの決断は、「影響は未知なのでとくに何もせず、そのまま東方を目指す」であった。

このようにアクシデントも悪条件もあったが、総じてスギメは方角を誤らずに、ここまで進んできた。たいしたものである。

午前5時頃、ようやく雲が晴れ、水平線付近を除く全天に星が広がった。海上は凪ぎ、やっと航海に理想的と言える状況がやってきた。漕いだ時間は、もうすぐ15時間を超える。そして、あと少しで夜が明ける。

夜明けに見えた陸

日付が変わった7月8日の午前5時15分になると、東のグレーがかった暗い空が、わずかに明るくなってきた。時間の経過とともに、その明るみがじわじわと広がっていく。今度は本当の夜明けだ。

同時に、丸木舟の方から歌が聞こえてきた。漕ぎ手たちの歌だったが、その疲れた声に、あまり喜びは感じられない。夜明けで気分がよいからというよりは、疲労を追い払い、眠気を覚ますための景気づけに聞こえた。それでも彼らの声を聞けて、伴走船のスタッフは皆安心した。

前方の空の明るさが増すにつれ、水平線上を雲が厚く覆っていることが、はっきりわかるようになってきた。

「やはりそうか……」

私は、夜明けにあるものが見えることを、期待していた。もし水平線上に雲がなく、舟が与那国島に十分近づいていれば、太陽の光をバックに島のシルエットが浮かび上がるはずだ。つまり夜明けは、島の位置を確認できる大きなチャンスなのだ。

しかしこの地点で、丸木舟はまだ島が見えるエリアに達しておらず、そして先ほど見たように、雲のカーテンが水平線付近を通過する太陽光を遮っていた。

やがて空はどんどん明るさを増し、上空の星は空にとけ込んで見えなくなり、日の出を宣言するかのように、前方に強烈な薄黄色の光が現れた。

じつはこの少し前から、漕ぎ手たちには、意外なものが見えていた。陸だ。

それは遠くにかすかに見える大きな陸で、左右にそびえる高い山の間に巨大な谷があることが、はっきりとわかる。それは与那国島とは大きさも形も異なっていたし、そもそも与那国島があるべき北東（丸木舟の左前）ではなく、北西（左後）に見えている。

「花蓮《かれん》の谷だ……」

皆がそう思った。

まず、漕ぎ手がそうわかることが大事である。台湾東岸の主要都市である花蓮は、海岸山脈と中央山脈の間を走る巨大な谷の出口に形成されているのだが（228ページ 図6-6）、これまでの準備でその地形を覚えていたのがよかった。陸の地形を熟知していれば、その見え方を海から確認することによって、丸木舟の海上における位置を知ることができる。

しかし残念ながら、もう一つの技法に習熟していなかったため、3万年前チームはこの情報から位置を的確に把握することは、できなかった。

それは陸地までの距離を目視でつかみ、与那国島があるはずの方向と距離を頭に描いて、自らの相対的な位置を知るというものだ。それがわかれば、たとえば「黒潮にかなり流されて予定より北へ寄っている」のか、「いい調子で来ている」のか、「黒潮を予想より順調に越えて与那国島の南方に来ている」のか、判断がつくだろう。

現代人の我々にとって、目視で距離をつかむのは簡単でない。しかし陸上をいつも歩いて移動していた先史時代人なら、遠くの山を見るだけで、「そこまで歩いてどれくらいかかるか」というような距離の見通しをたてられたことだろう。しかしそれは、我々が真似しようと思って簡単に修得できる技ではなかった。

丸木舟の5人は、実際に花蓮の谷を見て、こう考えた。

「ここで花蓮が見えるということは、自分たちはまだあまり沖に出られていないということだ。黒潮にかなり流されてしまっているので、もっと東へ進まねばならない」

このとき5人は知らなかったのだが、現実はその逆で、丸木舟は十分沖に出ていた。こうした一つ一つの判断が、与那国島へ到達できるかどうかを左右していく。

早すぎた黒潮横断

朝日に照らされ明るくなってきた海面を見ると、小さな三角波がたっており、海は凪いではいなかった。風は落ちているのだが、北からやってくる比較的大きなうねりが残っていて、スギメを上下に揺らしている。試練のあとは褒美が待っていてくれてもよさそうなものだが、自然は気まぐれだ。

明るくなった周囲を見回すと、台湾の巡視艇の姿が消えていた。この時点で、私たちは台湾と与那国島のほぼ中間地点に到達していたのだ。このあたりのどこかに、3万年前には存在しなかった、国家間の排他的経済水域の接触ラインというものがあるはずだ。

太陽があるので、しばらくは方角に迷うことはない。午前7時20分には、日がかなり昇った。ほぼ無風で、行く手前方には薄雲があり、その上空には青空が広がっている。北からのうねりは弱まってきたが、波高1メートルほどの南東と南のうねりが混じるようになり、海面の状況はややこしくなってきた。

南から入り始めたうねりは、少し気になる。出発前に予報で確認したとおり、私たちがいる地点の南東側には、強風帯が存在している（232ページ 図6-7）。南西から吹くその風がこのう

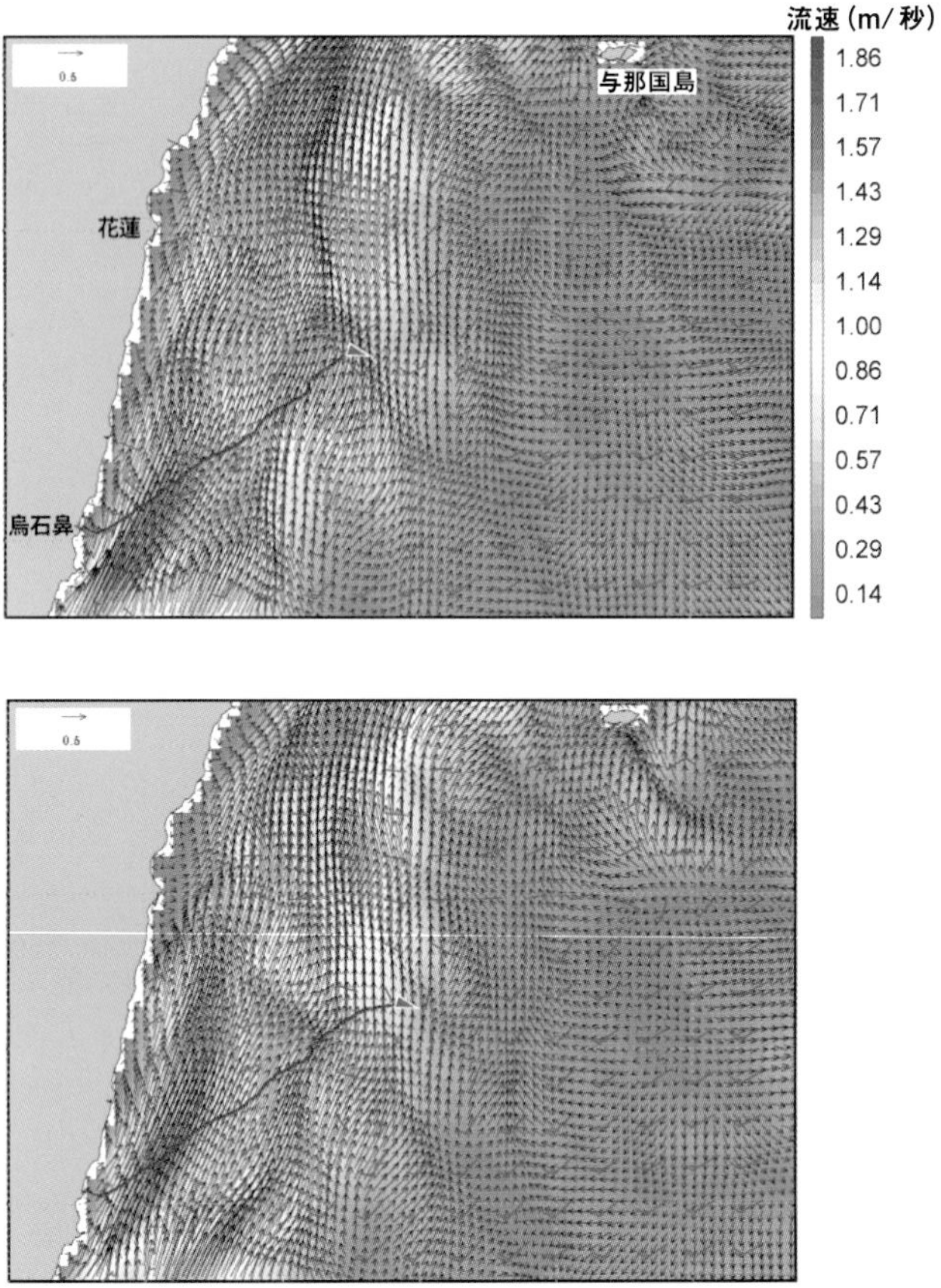

図7-5　黒潮の本流を越えた7月8日の丸木舟スギメの位置

赤い三角印がスギメの位置と漕ぎ進む方向。黄色～赤の流れが黒潮本流を示す。（上）午前6時30分すぎに黒潮本流を越えた。（下）午前9時30分頃の位置〈海洋研究開発機構JCOPE-Tの海流図をベースに作成〉

ねりを生み出しているなら、私たちはその強風帯に近づいている可能性がある。うねりはその後しばらくして、0・5メートルほどに弱まり、海面はかなり凪いできたが、とにかく古代の航海においては海の変化を注視し、あらゆる事態に備えておかなければならない。

この頃、一つ異変が起きていた。丸木舟の航跡が変化したのである。

5人が漕ぎ進む方向は、出航後からずっと東南東で、今もそれは変わらない。これまでは、それに黒潮が重なって舟は北東へ進んでいたのだが、夜明け頃から航跡が折れ曲がり、東北東へ動き始めていた（図7-5下）。スギメの対地速度も、そこで変化している。6時30分に時速8・2キロメートル（秒速2・28メートル）という本航海での最高速度を記録したあと、30分後の午前7時には5・5キロメートル、そして8時以降は平均5・0キロメートル前後と、4割ほど落ちたのである。

この意味するところは、明らかだ。スギメは、黒潮本流を越えたのだ。JCOPE-Tの海流解析図も、それをはっきり示していた（図7-5上）。

我々の舟が、ついに黒潮本流の強力な流れを越えた！

それはこの実験プロジェクトで初であり、これまでずっとこの巨大海流に苦しめられてきたことを思い起こせば、素晴らしい成果だ。しかし今はまったく喜べない。海流は見えないので、海上の漕ぎ手たちはすでに黒潮を越えていることを知らない。そして流れの弱まった黒潮の向こう側の海域を、機動力に優れる丸木舟でぐいぐい東へ漕ぎ進んでいることにも、彼らは気づいていない。

このまま行けば、島を外してその南方の海を迷走することになる。つまりゴールに着くことはできない。それよりも怖いのは、この先のどこかにある強風帯に我々が突っ込んでしまうことだ。そこで海が急に荒れ、レスキューも困難になるような事態は何としても避けたい。

このとき私はスマートフォンの画面で航跡を追いながら、一人で緊張していた。

2日目――暑さ・疲労・眠気との闘い

そんな中、丸木舟の5人は、交替で休憩するようになっていた。休憩は1人ずつ10分程度。時計は持っていないので、各人の感覚で、それぞれが楽なスタイルで休む。休憩の方法について、チームはこれまでいろいろ試行錯誤してきた。2年前の竹筏舟イラ1号のときは、全員一斉に休んだが、舟を止めてしまうそのやり方はよくないとのことで、交替制が採用された。

皆たいてい、丸木舟の中に仰向けに寝て身体をうずめ、目をつむった（264ページ 図7-6）。ヒートアップしてくる身体を冷やすため、海水を帽子ですくって浴びることもあった。休憩というにはあまりに短く、むしろ、だましだまし身体を休めたと言うほうが正しいように思えるが、それでも一定の効果がある。

何しろ、あの荒れた海と、星がろくに見えない夜を駆け抜けてきた直後だ。

「2日目のことも考えて温存すべきだった体力を、使っちゃいました」

「シーカヤックの1人旅では必ず余力を残して漕ぐんですけど、あのときはもう、予定していたペース配分を破棄して、とにかく漕ぎました。漕いで、排水して、漕いで、排水の繰り返し」

と原さん、鈴木さんは、航海後に初日のことを振り返っている。肉体と精神を酷使してきただけでなく、ほぼ徹夜しているわけなので、当然、すさまじく眠くもある。眠気は集中力を奪うので、海の上では大敵だ。特に2、4番手の2人は、ほかの漕ぎ手のことも気遣って休憩をセーブしていたので、その疲労は並大抵ではなかったろう。

午前の太陽が上がるにつれ気温もじわじわと上がっていたのだが、しばらくすると、空の高いところに薄雲が広がって、日差しを和らげるようになった。これなら太陽の位置を見失うことなく、暑さだけが和らぐので、好都合だ。雲は、島が見える圏内に入ったらどいて欲しいが、まだ舟はそこまで行っていない。

9時45分、漕ぎ手の一人が海に飛び込んだ。どうやらトイレらしい。

10時。風は南寄りで微風。私は与那国陸上本部に衛星電話をかけ、あちらの風の状況を聞いてみた。与那国島は1・5メートルの微風とのことで、我々の進路上に大きな障壁はなさそうだ。しかしその東の海上にある石垣島や宮古島では、南西の風が4～6メートルで吹いている。強風帯が近いというサインであり、やはり気が抜けない。

11時。海は穏やかだが、相変わらず0・5メートルほどのうねりが南東から来ていて、それに北東のうねりが混ざっていた。もう台湾は見えないが、背後の分厚い積雲の中に、その山々が隠

図7-6　交替で休憩する丸木舟の漕ぎ手たち

舟の中に仰向けに寝て、目をつむって交替で休む。7月8日9時42分〈撮影：筆者〉

れているのだろう。

飲料水の問題

ここで少し、洋上での水や食料や体調管理のことを記しておきたい。

話が5時間ほど前にもどるが、7月8日の明け方、漕ぎ手たちから「水を補給して欲しい」というリクエストが伴走船に入った。そこでヨットが搭載しているゴムボートを降ろし、丸木舟のところへ、飲料水の新しいペットボトルを運んだ。

「3万年前にそんなサポートはないでしょう」とつっこまれるところだが、その通りである。水と食料について、私たちは当初、3万年前の事情に従って、「必要量を古代舟に積んで伴走船から補給はしない」というルールを定めていた。草束舟の実験のときも、竹筏舟の実験のときもそうしてきたのだが、わけあってこの丸木舟の実験航海では、そのルールを緩和した。

その経緯はこうだ。筏型の草や竹の舟では、船上が広くてスペースがあったので、そうした荷物を十分に収納できた。しかしスギメは船内が狭く、荷物を増やすと漕ぎ手にとってかなりのストレスになる。そこで漕ぎ手たちからルール緩和の要請が出てきたのだが、原キャプテンに「方針を変えるなら理由が必要だ」と伝えたところ、「3万年前の航海用の丸木舟はもう少し大きかったんじゃないかと思うんですよ」との答え。

なるほど。旧石器人が同じ問題を抱えたら、舟の幅をもう5センチメートル広げて問題を解決したかもしれない。そう証明できるわけではないが、その可能性は十分にある。我々の舟の幅を今から変えることはできないが、そう考えればここはルールにこだわるポイントではないと思い、要請を受け入れた。

飲料水の容器も、プロジェクト当初からの課題だった。3万年前にあり得たのは、竹の水筒か皮袋といったところだろう。あちこちに相談して皮袋の試作を試みたが、衛生上の心配もあって最終的にあきらめた。皮袋の代用品として現代の水袋を購入したのだが、臭いもあってどうも使いづらい。そこでよい解決策が見つからぬまま、結局ペットボトルに落ち着いたのである。

最終的に、漕ぎ手には、2リットルの水ペットボトルを用意することにした。丸木舟にはそのうちの2本をあらかじめ積み、残りは必要に応じて伴走船から補給することとしたのだ。ゴールまでの全航海にわたって5人が消費した水は、それぞれ以下のようだった。宗＝8リットル、鈴木＝12リットル、村松＝6リットル、原＝6リットル、田中＝5リットル。

航海中の食料

3万年前の再現航海の食料をどうしたらいいか——これもプロジェクト当初からの悩ましい課題だった。

当時の食物ということなら、農耕や牧畜でなく狩猟採集生活をしていた旧石器人の食物を推定し、その中から2日以上腐らないものを選び出さなくてはならない。日本や台湾の民族学者に意見を求めたところ、干し肉、果物、ナッツ類などの候補が出てきた。しかし現代人の漕ぎ手が決死の航海に出るのに、食べ慣れない食料に限定するのはとても忍びない。

航海中に魚釣りをした可能性も、沖縄島で世界最古の釣針が発見されているのだから（57ページ図2-3）、あり得る。しかし我々は黒潮を越えるのに釣りをしている余裕はないであろうし、そもそも釣れる保証がないものに期待をかけられない。

次善の策として、地元の原住民アミ族が畑仕事の前に食べるという〝パワー料理〟を、林志興さんとラワイさんに持ってきてもらって、キャンプ中に皆で試食会をした。机に並んだメニューは、もち米、干し豚、飛魚《とびうお》の燻製である。どれもなかなかいけたが、豚の生肉を塩漬けにした干し豚と、鋭い小骨が多い飛魚は、今回の携帯食としては敬遠された。もち米は美味しいし腹持ちがよく、一度は候補になったが、時間がたって水分が抜けると喉を通らなくなることがわかり、とりやめになった。

結局、漕ぎ手のエネルギー源である食料は食べやすいものをということで、3万年前にこだわらず、漕ぎ手自身が欲しいと思うものを、自由に選んでもらうことにした。そして彼ら全員が欲しがったのは、3万年前にはないと断言できる、白米のおにぎりだった。5人が航海に持参した食料は、おおよそ以下のようである。

・宗　おにぎり7個（食べたのは5個）

・鈴木　おにぎり6個、ゼリー食品、チータラ、ようかん
・村松　おにぎり8個（食べたのは5個）、ゼリー食品、ドライフルーツ（マンゴー）、
スポーツようかん、チューブの練乳
・原　おにぎり8個（食べたのは6個）、りんご3個、ゼリー食品、カロリーメイト、
ドライフルーツ、いりこ、クエン酸飴、はちみつチューブ
・田中　おにぎり6個（食べたのは1個）、りんご3個、ゼリー食品、ミックスナッツ、バナナ
チップ、カロリーメイト、クッキー

持参したおにぎりの一部が食べられなかったのは、2日目に腐ってしまったからだ。そのような状態であったため、後述するように2日目の夕方に、新しいおにぎりと作りたてのうどんを伴走船から差し入れした。

排泄の問題

皆、小についてはそれぞれが用意した容器に入れて海に放り、大は海に飛び込んで済ませた。小は狭い舟内で座ったままするのだが、これが慣れないとできないので、出航前に陸上で練習した。男女が密集する舟の上ではあるが、その時間は漕ぎの手が止まるので、ゆっくりとはできない。恥じらいの気持ちを捨てることも、必要となる。

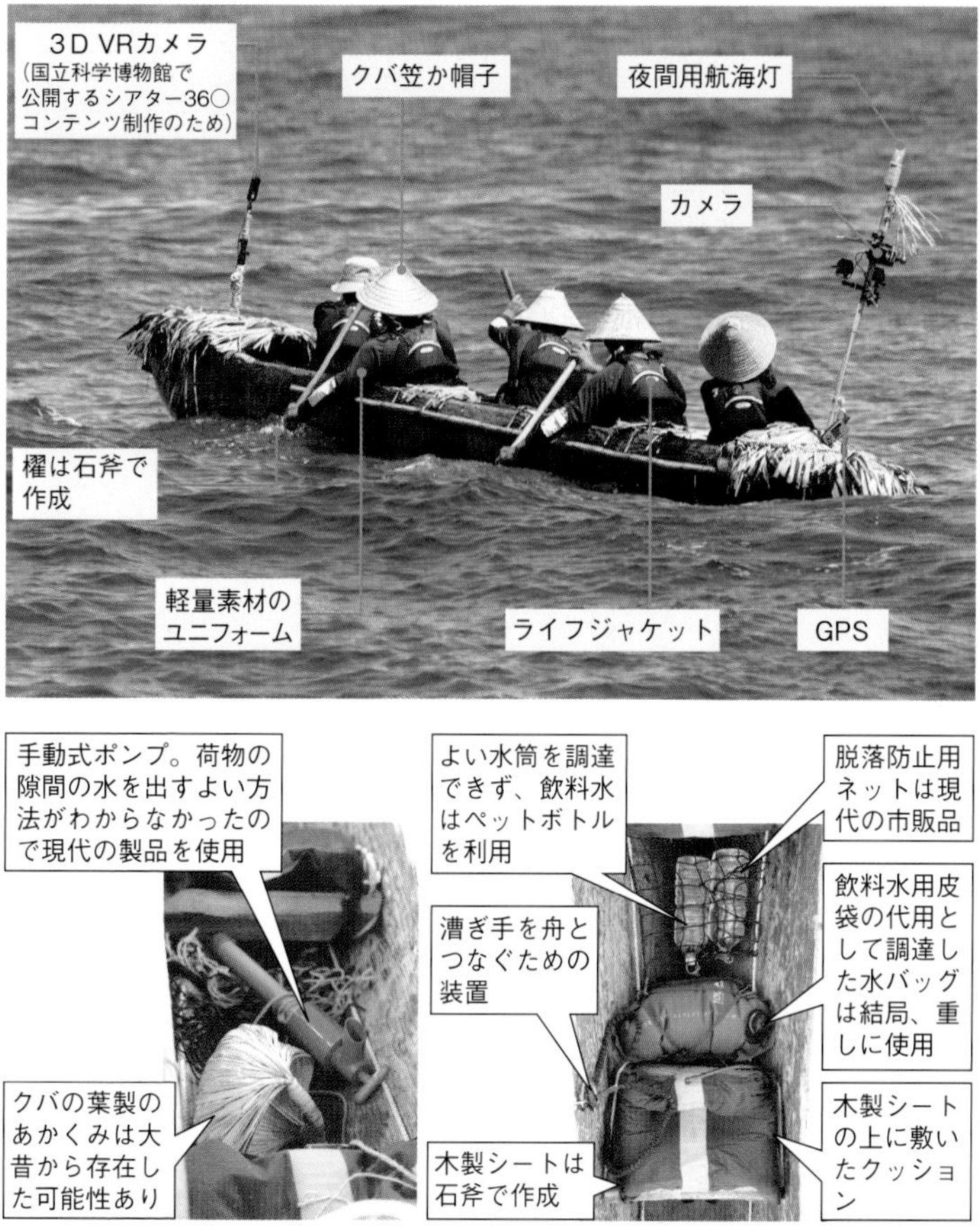

図7-7　丸木舟の安全装備

これらの多くが3万年前にはないものだが、安全等のために装備した。スギメの船内は狭く、荷物や休憩のためのスペースは限られている

その他の装備

3万年前にはないが、安全などの目的で丸木舟に持ち込んだものを記しておく(図7-7)。

〈漕ぎ手の個人安全装備〉ライフジャケット、漕ぎ手を丸木舟とつなぐ安全装置(以上モンベル社提供)、SOS発信機(ガーミン社提供)など。

〈クッション〉石斧で削ったスギ板のシートに直接座ると、どうしても臀部を痛めるために導入した。板の上に載せて使ったが、それでも漕ぎ手たちの尻の皮は剝け、痛さを我慢しながらの航海だった。

〈GPS〉丸木舟の位置データを陸上本部に送信するために使用した(Garmin inReach)。

〈排水ポンプ〉プラスチック製の手動式排水ポンプを2つ。プロジェクトではそれまで、縄文時代の遺跡で発見例がある木製のあかくみ(船にたまった水を汲みだすもの)も参考にしながら、ビロウ(クバ)の葉や竹などで作ったあかくみをいろいろ試してきた。これらは空荷の丸木舟には使えたが、舟底に荷物が入るとその隙間にたまった水がどうにもかき出せない。そこで先の5月の準備合宿のとき、漕ぎ手の一部が「ここは現代の道具を使いたい」と言い出した。研究者としては最後まで抵抗したい部分だったが、旧石器時代にふさわしくかつ効果的な解決法を見つけることができず、結局、「やったことは隠さない。3万年前にふさわしくないものを持ち込んだのなら、それはそれで公表する」というプロジェクトの精神を再確認したうえで、妥協することにした。

熱中症をどう防ぐか

11時43分。この航海で初めて、漕ぎ手全員が手を休めて、休息に入った。同時に丸木舟から無線で、再び水のボトルを補給して欲しいという連絡が入る。この頃になると皆、疲労とともに、熱中症の心配が頭にちらつき始めていた。

日本でもこのところ毎夏の猛暑で熱中症のニュースがあとを絶たないが、これは発汗などの身体の熱調整機能がうまく働かなくなり、身体に熱が溜まってしまう状態のことである。環境省のマニュアルによれば、初期症状（重症度1）としては、手足のしびれ、めまい、筋肉のこむら返り（痛み）、気分が悪くなるなどがあり、重症度2になると頭痛、吐き気、だるさ、意識不明瞭といった症状が表れ、さらに悪化すると意識を失ったりする。気温が高く、湿度が高く、風が弱いといった環境下で激しい運動をすると起こりやすいが、この航海はまさにその状況に当たる。熱中症の予防策として、3万年前チームは全員帽子を着用し、水分と塩分をこまめに補給するようにしていた。

帽子としては、沖縄地方伝統のクバ笠を使った。これは日よけの役割を果たすのはもちろん、通気性がよいため頭部の冷却効果があるという優れものである。ヤシ科のクバ（ビロウの沖縄名）

の大きな葉を竹の骨組みに固定して作るが、海用と畑用があり、沖縄の強い日射しの中で働くために生まれた、まさに地域の智恵だ。ただし先頭の宗さんは、「僕は櫂を立てて漕ぐので、クバ笠だと腕が帽子のつばにぶつかって困る」とのことで、ナイロン製の帽子を使った。

ナイロンは言うまでもなく、クバ笠も3万年前から存在したかどうかはわからない。しかしこの実験プロジェクトで帽子を考えるなら、地元の海人が使用していたものを使うのは妥当だろう。

熱中症予防としては、水分とともにこまめに塩分をとることが薦められている。この航海では、経口補水液やサプリメント、梅塩飴など現代の製品を口に含んだり（鈴木、村松、田中）、ときおり海水を手ですくって舐めたり（原）、おにぎりに海水をかけて食べたり（鈴木）と、それぞれの方法で補給した。

さらに効果的なのは、水をかぶって身体を直接冷やすことである。頭を濡らすときは頭を舟の外に突き出し、舟内に水が入らないように水をかける。飲料水を身体に浴びせることもしたが、主に利用したのは帽子ですくった海水だ。旧石器人が同じことをするなら、無尽蔵にある後者を使ったに違いない。

海に飛び込んで身体全体を冷やすことも可能だ。暖流である黒潮の表面水温はこのとき29・5度もあったのだが、それでも全身を水に浸すのは気分がよく、効果的だった。一つの問題は、丸木舟から飛び降りて戻ると、それなりに体力を消耗するということだ。それもあって飛び込みをセーブしていた最年長の宗さんには、そのうしろで漕いでいた鈴木さんが、すくった海水を浴びせてあげていた。船上で水を浴びれば、もちろん船内に水が溜まることになるが、それはポンプで排水した。

そして最後に、伴走船上には、レスキューと健康管理を担当する専門家の、黄春源さんが目を光らせている。通称ケンさんと呼ばれる彼は、台湾人だが日本で暮らしており、通訳、安全対策、健康管理など多くの面でプロジェクトを支えてくれていた。

さて、そうした対策はしていても、5人がきわめて熱中症になりやすい条件下にいることに、変わりない。この日の昼前に、原さんは暑さで意識が低下するのを感じていた。鈴木さんには頭痛の症状が出ており、意識して休憩と水浴びをしていたそうだ。

そんな状況下でおこなわれた12時前の水補給の際、ケンさんが簡単な熱中症予防処置をおこなった。凍った水ボトルを腋にはさんだり心臓の前に当てたりして、血液を冷やす方法である。原さんが言うに、これは本当に効いて意識が改善したそうだ。このように頼れる安全管理人の存在が、チームに大きな安心感をもたらしていた。

ところで旧石器人にとって、暑さはどれだけ問題だったのだろう。彼らがエアコン漬けの現代人より暑さに強かったのは、おそらく間違いない。興味深いことに、漕ぎ手の中でも与那国島在住で暑さに慣れている村松さんにとって、今回の暑さはさほど問題でなかったそうだ。さらに氷期だった当時は、今よりも気温が若干低かった。旧石器時代の祖先たちも熱中症と無縁ではなかったと思われるが、現代人の我々と比べるとリスクは低かったのではないだろうか。

強風帯の懸念

説明が長くなったが、そろそろ航海に話を戻そう。

初日と比べると、2日目の海面は穏やかだ。しかし昼の12時を回ると、雲が広がり視界が悪くなってきた。太陽の熱をさえぎってくれるという意味ではよいが、島を見つけるというこれからの最重要ミッションへの影響が、気にかかる。

このタイミングで、私はヨットに乗っている内田さんにこっそり連絡を入れた。自分の無線を使うと漕ぎ手キャプテンの原さんにも聞かれてしまうので、船上にあった別の無線を借り、このまま進んだときに島を外す可能性と、強風帯につっこんでしまう懸念について伝えた。そのうえで、「(安全担当として)この先の航海をどう管理していく考えなのか」を尋ねたところ、「あと50時間くらい、このまま漕いだらいいんじゃないか。強風帯に近づいたら海の状況からわかるから、そのとき判断すればいい」との返答があった。

私は内心、強風帯が怖く、そこに突然入って手遅れになるような事態を心配していたのだが、海をよく知るプロが「手前でわかる」と言うので、心配するのをやめ、引き続きスギメの航海を注視することにした。

真昼の〝迷走〟

水補給を終えた2日目のお昼頃、スギメの動きが急におかしなことになってきた。まず、明け方に黒潮を乗り切ってその勢いで東へ逸れていきそうだったのが（260ページ 図7-5下）、12時40分を境に、なぜか北東の与那国島方面に向かい出した。

「？？？」

なぜ進路が変わったのかわからなかったが、伴走船上の私はこれを見て、救われた思いになった。ところがこの30分後、安堵は不安に変わる。スギメがまた進路を変え、あろうことか北西、つまり台湾がある方角へ向かい始めたのである。

「なぜ戻るのか？？」

この不可解な行動は、それから40分も続いた。その後スギメは与那国方面へ進路を修正したが、しばらくたつと、今度はあろうことか南へ向かい始めた！　これはわずかな時間だったので10分間隔のＧＰＳ記録には残されていないが、私の手元にある別の航跡記録に残っている。そしてそれが終わると、今度はまた、台湾へ向かい始めた。

正午に近いこのとき、太陽は私たちの頭上にあって、方角が読み取りにくくなっていた。私は丸木舟が方角を見失って迷走し始めたと思い、衛星電話で与那国陸上本部にそのように状況報告した。ところが実態は、そうではなかった。このとき5人は、「島を探していた」のである。

原キャプテンが出航前に立てた作戦では、順調に進めば、出発から24時間後くらいで与那国島が見える圏内に入る。〝迷走〟が始まったのは出発22時間後なのでそれより少し早いが、このとき彼らは島が見える可能性を意識し始めていた。

しかしスギメの5人は、自分たちがどれだけ黒潮に運ばれているのかが、わからない。つまりもし圏内にいたとしても、与那国島に対して丸木舟がどこの位置にいるか確信を持てなかった。そこで周囲を見渡し、島影が見えないか全員で確認をした。

そうすると、目のいい田中さんが「あれは島の上にできる雲ではないか」と言い出したので、そちらへ進んで確認したところ、どうもそうではない。次に、やはり目がいい鈴木さんが「島影が見えるような気がする」と言うので、それもチェックするため少し寄ってみたのだが、やはり違った。

そうして、迷走ではなかった迷走が始まってから1時間半が経過したあと、5人は「まだ島は見えていない」との判断に至り、丸木舟は当初の計画どおりの針路に戻ることとなった。時刻は14時10分で、このとき太陽は西へ傾き始めており、方角の道標として再び頼れる存在になっていた。

彼らが進む先には……

台湾出航から23時間半が経過し、丸木舟は再び見えない島を目指して動き出したのだが、その

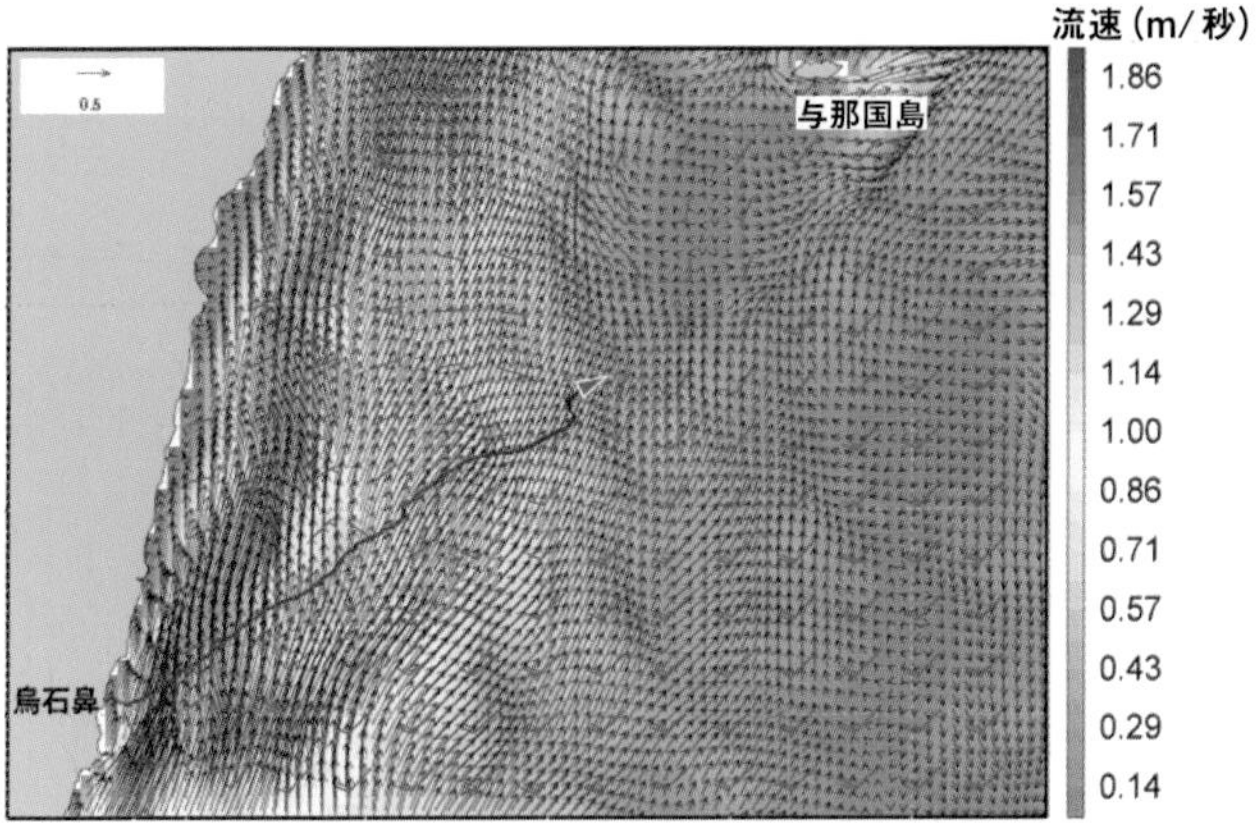

図7-8　7月8日15時すぎの丸木舟スギメの位置

昼の〝迷走〟のあとに与那国島のほうへ向かい始めた。黄色～赤の流れが黒潮本流
〈海洋研究開発機構JCOPE-Tの海流図をベースに作成〉

進路は、〝迷走〟前のような東の方向ではなく、北寄りに変わっていた。私が手元の地図で見ると、その先にあるのは与那国島である！　衛星位置情報を見ていない漕ぎ手たちには、その確信はあろうはずもない。彼らはただ、自分たちの判断を信じて進んでいるだけなのだが、とにかく向かう先には島があるのだ（図7-8）。

午前中に溜め込んでいた私の心配は、一気に氷解していった。

出発前のミーティングで、原キャプテンが披露していた作戦を思い出す。

「24時間まず東へ向かい、そのあとは北東に進路をとろう」

台湾の烏石鼻から北東にある与那国島へ到達するには、東へある程度、そして北へある程度移動すればよい。黒潮が丸木舟を北へ運ぶ量は正確に予測できないが、丸木舟が自走によって東へ移動する量は、計算できる。それが24時間という数字で、それ以降は北向きに進路を変えていって島を探そう、という作戦だったのだ。

ただし原さんは、その日の早朝に花蓮が見えたことから、当初想定より丸木舟が北に押し上げられている可能性があり、もう少し東へ寄っておいたほうがよいとも考えていた。そこで最初から北東へ舵を切るのではなく、まず東北東へ舳を向け、そこから徐々に北東へ向かうかたちでスギメを操作することにした。このとき海上では、北からの風波はほぼ消え、南東から来る0・5メートルのうねりが主体となっていた。

かくして丸木舟は、奇跡のように島へと向かい始めたのだった。しかしなぜそうできたかについては、実験プロジェクトとして熟考しなければならない点がある。その点はあとで振り返りたい。

体力と気力の限界

丸木舟が島に向かって動き出して一難去ったが、心配は尽きない。2日目の午後に入り、漕ぎ手の体調が気になってきた。休憩の頻度が目立つようになったのだ。彼らはもう24時間以上、ろくに休まず漕ぎ続けている。初日の海は荒れたし、次の日中はほぼ無風で暑さが敏感に感じられ、苦しさが一気に増していた。

2日目は、全員が突発的な睡魔と、さまざまな体調変化に襲われた。あとで聞いた話だが、村松さんは尿意があるのに出ず（この日の日没後に一斉放出した）、原因不明の胃腸のけいれんに悩まされていた。原さんは、腹筋がピキッとつり、その痛みを我慢しながら漕いだ（村松さんが持っていた錠剤で改善した）。宗さんは、洋上にカーテンのような幻覚を何度も見たそうだ。そして漕いでいる4人の尻は、シートにクッションを装備したにもかかわらず、擦れてひどい状態になっていた。田中さんは、疲労とは異なるが、クラゲに触れたのかお腹や腕がかぶれ、ヒリヒリする痛みに耐えていた。

そうした実情までわからなくとも、彼らの疲れた様子は伴走船にまで伝わってくる。そこへ原さんが、無線でこちらに訊いてきた。

「伴走船に明日の分の氷はありますか？」

どうやら、この状態で長期戦になっても、とことんやる気らしい。彼らの覚悟がわかり、見守る私たちは胸を打たれた。

身体が感じる不調に加え、もう一つの敵は、気持ちだ。もう24時間ほど漕いでいるのに一向に島が見えないのだから、不安も募り、頑張ろうという気力も次第に失われてくる。

2日目の午後は実際にそういう厳しい時間帯だったと、後に鈴木さんが語ってくれた。そんなとき、原キャプテンが時おり発する「島は向こうだ」との言葉が、おおいに励みになったという。島が見えない今、すべきことは、自分たちを信じて漕ぎ続けることしかない。

その原さん自身も、精神的な苦痛を幾度か感じていた。そしてそれを和らげてくれたのは、皆の頑張りだったという。

シーカヤックの大ベテランである宗さんは、初日に鈴木さんが頑張りすぎてバテ気味だったことを気遣い、「ここはお年寄りに任せなさい！」と、元気よく漕いだそうだ。

村松さんは次のように述懐している。

「島が見つからなかったあのとき、1人だったら気がおかしくなってしまうだろうな、弱るだろうなって思ってました。仲間がいたから頑張れた」

そのような中、15時を過ぎた頃、鈴木さんが突然櫂を置いて、威勢よく海に飛び込んだ。トイレかと思いきや、それから原さん、村松さん、田中さんと、次々と海に転がり落ち、同時に大き

図7-9　15時過ぎの全員休憩

熱くなった身体を冷やし、リラックスするために海に飛び込んだ。7月8日15時15分〈撮影：筆者〉

な笑い声が聞こえる。熱の溜まった身体を冷やし、筋肉をほぐし、気持ちをリラックスさせるための全員休憩だったのだ（図7-9）。

このとき、鈴木さんは一つ「失敗をやらかした」とのこと。ひとときのリフレッシュを得ようと、厚ぼったいライフジャケットを脱いで舟を飛び出たところ、水中で身体が思うように動かない。なんとか舟上のライフジャケットをつかんで事なきを得たが、冷や汗ものだったという。宗さんは一人舟に残ったが、飛び込んで戻るだけの体力が残っていなかったようだ。

どこを見渡しても、相変わらず空と雲と海しか見えないが、そんな世界の真ん中に、笑いながら、なんとか気力を保とうとする5人がいた。

日没前に見えたもの

辺りが暗くなりかけ、2度目の夜を迎えようとする頃、再び丸木舟から無線連絡が入った。「伴走船に積んでいる予備のおにぎりを、全部もらえませんか？」というリクエスト。持参したおにぎりが腐り始めていたので、明るいうちに食料を確保しておこうと考えたのだ。そういうことなら、と私たちが乗っていたクジラ船からは、船長さんたちが用意してくれていた作りたての温かいうどんを、ビニール袋に小分けして差し入れた。肉と野菜が入ったとてもおいしいうどんだったが、脂っぽさがきつかったのか、5人の中で完食したのは宗さんと鈴木さんだけだった。時刻は19時41分の日没直後で、もうすぐ20時になろうとするところ。

しばらくすると漕ぎ手たちは船長にうどんの礼を言い、暗さを増す夜の海に漕ぎ出していった。私たちはあとで知らされたのだが、じつは彼らはこの少し前に、とても気になるものを3つ発見していた。

1つ目は、与那国島の生きもの博士である村松さんが見つけた、クロアジサシである。カモメ科の鳥であるアジサシは、ミクロネシアやポリネシアの伝統航海でも重宝される、海の道標だ。陸地に営巣していて毎日そこへ戻るので、アジサシを見つければ島が近いとわかる。スピードが出る帆船であれば、夕暮れに彼らが島へ戻るところを、ついていくこともできたかもしれない。いずれにせよ、これだけ台湾から離れた海上を飛ぶクロアジサシなら、帰る場所は与那国島だろうと、期待が高まった。

2つ目を見つけたのは、鈴木さんだった。「北東方向に灯りのようなものが見えるけど、もしかして与那国島の灯台じゃないか……」

3つ目は、田中さんが発見した。「北のほうに白い船が見えるけど、漁船かもしれない。だとすると日本の漁船で、島が近いのかもしれない……」。これに宗さんが「タンカーなんじゃないの？　大型船の航路があるということでしょう」と反応。村松さんも、灯りはわからなかったけれど白い船は見えたという。

2と3は、どちらも3万年前には存在しないが、これらについて先に正解を言うと、このときの丸木舟の位置はまだ与那国島の灯台が見える範囲の外にあり、「白い船」は私も伴走船から確認していたが外洋を航行中の大型船だった。しかしとにかく漕ぎ手たちは、これらを見てそう思ってしまった。そこで2人が見たもののどちらも外さないよう、その中間点を目指して舟を進めることにしたのだが、その方角は、偶然にも、与那国島がある北北東だった。

2度目の夜の英断

20時25分。動き出したスギメが向かう先の空には、あろうことか、最初の夜よりも厚い雲が立ち込めていた。星は1つしか見えず、頼みの月も、どこにいるのかわからない。それでも夜の闇は容赦なく海上を覆い始め、たいへん厳しい状況となってきた。

しばらくすると、一瞬だけ木星が顔をのぞかせ、ぼんやりと月も見えたが、どちらもすぐに雲の背後に姿を消した。昨晩は雲の隙間に部分的な星空があったが、今はそれすら望めない。

「いったい誰のどういう仕打ちなのだろう……」

自然を責めても何も得られないことはわかっているつもりだが、さすがにやるせない気持ちになってしまう。

「5人はどうするのだろう。この状況でもまた奇跡を見せてくれるのだろうか……」

と、私は口に出さずにあれこれ考えた。

今のこの状態で方角の目印になるのは、うねりくらいである。ただしそのうねりは時間を追って変化するので、闇雲に頼ってはいけない。難しい状況だが、なんとか食らいついて手掛かりを探し、舟を進められるだろうか。私が伴走船上で思いをめぐらせていたとき、原さんから無線連絡がきた。

「えー、今から、漕ぎ手は全員休憩に入ります」

一瞬耳を疑ったが、ふと考えて、それは素晴らしい判断だと思った。今は皆、疲労しきっているのだ。しかも空を見ても方角はよくわからない。そこで何かを無理に仕掛けるのではなく、思い切って休もうというのは、英断だ。一度しっかり休んで、周囲の状況が改善するのを待てばいい。

しかし、じつはここにも、現場で我々には告げられなかった漕ぎチームの判断材料があったのである。

そのしばらく前、原さんは、北北東方面に灯りらしきものを見たというのだ。それは「見えたような、見えてないような」あいまいなものだったが、白色の光は灯台のように思えた。

そこで原さんは半ば確信を持ち、光の方向へ漕ぎ進んで確かめようと皆に提案したところ、宗さんと鈴木さんという丸木舟に推進力を与えていた2人が、「もう限界で漕げない」と言う。そもそも鈴木さんには、そのような光が本当にあるのかどうか「わからなかった」そうだ。村松さんも、「皆が幻覚のようなことを言い出すので、よっぽど疲れているのだと思いましたよ。自分もそもそもお腹の調子が悪く、もう動けないところまで来ていたので、率先して僕は休むと言いました」と述懐する。

一方の原さんは、島はそこにあるという確信に近いものがあっただけでなく、この議論の最中に、漕ぎをやめて舟を漂流状態にしている間にも、舟が自然とそちらのほうへ動いているように感じていた。それで彼は、「ここでは潮の流れが島の方角に向かっているようなので、休んでも大丈夫」と判断したのだ。

あとで確認したことだが、そのとき丸木舟は、与那国島まで約60キロメートルの位置で、海上から物理的に島が見える50キロメートル圏内の外にいた。つまり灯台であろうと何であろうと、まだ島は見えないのである。原さんが見た光は、大型船の光だったかもしれないし、他の4人には見えなかったので幻覚だった可能性もある。しかし彼は、万が一自分が誤っていても、「島はきっと近いところにあり、しばらく漂流状態にしても大きく外れることはないだろう」と、冷静に考えていた。

真夜中の漂流

かくして、実験プロジェクトとしてまったく想定外のことが始まった。逆に言えば、だからこそ実験する意味がある。現実にどのような想定外のことが起こり、起きたらそれにどう対応するのか——やってみてそれを理解することに、実験の意味がある。

さて、休むと言ってもどう休むかが問題だ。原キャプテンが考えたのは、次の方法だった。

「そのとき海は凪いでいたが、全員が寝てしまい、その寝込みを突然の大波に襲われたら舟はひとたまりもない。そこで1人は起きていて周囲を見張り、残りの4人は船内に横になって寝てもらう。まず皆を休ませるため、最初の見張りは自分がやる。もし自分のほかに見張り役をやってもらうとしたら、それはカヤックガイドとして同じ道を生きている鈴木克章に限定する。この舟の上で、自分と鈴木にはそういう役割がある」

これをあとで聞いたとき、私はとても感動した。航海が始まる前からの全行程においてそうだったのだが、このときも、あの暗い曇天の下で、キャプテンはこうして責任を果たそうとしていた。皆が苦しいときには努めて明るく、仲間の様子を観察して気を配り、舟を前進させつつ皆の気持ちが持続するよう工夫する。

そんなキャプテンの下に、それぞれの役割を果たすべく奮闘する4人がいる。彼ら4人の頑張りも、逆にキャプテンの精神を支えていた。そういう5人が、舟と一体となって、島を目指している。

かくして全員休憩に入ってから、しばらく時間がたった。皆が船内に仰向けになっているのに対し、原さんは1人身を起こして、いつでも周囲を確認できる姿勢でいる。

しばらくして、鈴木さんが起きた。頑張る原さんに「代わろうか？」と言ってみたが、原さんは「まだ寝とけ」と言うので、鈴木さんは再び仰向けになった。

漕がない舟の安定性はと言えば、4人が船底に寝そべっているので、皆が起きているときより

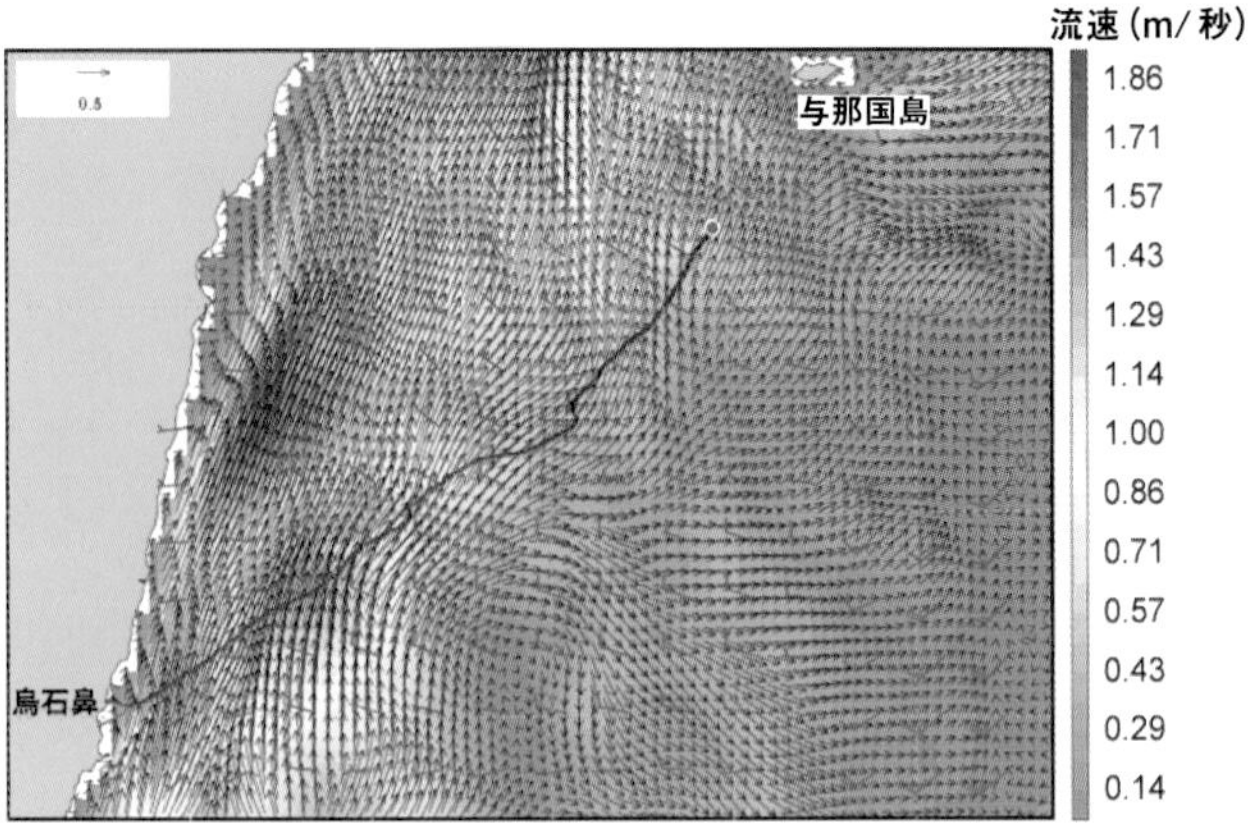

図7-10　7月9日午前0時頃のスギメの位置（丸印）

与那国島へ向かう潮に乗って漂流していた。黄色～赤の流れが黒潮本流〈海洋研究開発機構JCOPE-Tの海流図をベースに作成〉

重心が低くなり、かえって安定していたとのことである。ほぼ無風で波も穏やかだったので、丸木舟の中で寝ていた宗さんも、「どこかの湾の中にいるみたいな気分だった」と、このときのことを述懐している。

この静かな時間を利用して、私自身も休息をとることにした。伴走船からの夜の見張りは、交替で操船している船長さんたちとは別に、チーム内でローテーションでおこなっている。丸木舟の見張りはそのときの当番だった早乙女さんに任せて、私は横になった。

目が覚めると23時半になっていた。仰向けに寝ていたのですぐわかったのだが、目を開けると満天の星が広がっている。

2時間前までの状況がうそのようだ。天頂には夏の大三角形がまぶしく光っている。織姫と彦星の間に介在する天の川も、はっきりと見えた。北極星もさそり座も完璧で、水平線付近以外の星はすべて見える。それはとても穏やかで、静かで、そして贅沢な夜に感じられた。昨晩、スギメを一時的にミスリードした台北市の街灯りも見える。

「待ってよかった。あそこで休んだのは大正解だった!」

と心の中で叫び、丸木舟を探す。ところが丸木舟は、この星空の下で再始動するかと思いきや、動き出す気配がない。漕ぎ手たちは、静寂な星空の下で、まだ眠り続けていたのだ。

このとき漕がない舟は、何も知らぬ5人を乗せて、じわじわと与那国島方面へ流れていた(図7-10)。その速度は、丸木舟の自走力の約77%にあたる時速3キロメートルである。それまでの天候と海況は我々に厳しいものだったが、このときの潮の流れは、味方していた。

見えてしまった与那国島

「灯台の灯りで島を見つける」というのは、旧石器時代の再現を目指す我々としては、あまりあってほしくないシナリオだ。しかし、今が夜という現実を私たちが変えることはできないし、灯台の灯りを消してもらうこともできない。とても残念だが、望ましくないシナリオを覚悟しなくてはならなさそうだ。そしてその瞬間が、夜中の2時頃にやってきた。

まだ日が変わる前の22時頃に、スギメは与那国島まで50キロメートル、つまり日中であれば物理的に島が見える圏内に入ってきていた。この瞬間に日の出を迎え、かつ水平線上に雲がなければ、太陽の光を背に受けて与那国島の影がくっきりと浮かび上がるはずだ。しかし残念ながらその条件はどちらも満たされておらず、実験航海として最高に美しいシナリオが成立するチャンスは、ゼロとなっていた。

この頃、丸木舟の船上では、見張りを続けていた原さんが、眠気を抑えられず、「カツ（鈴木さん）、交替だ」と告げて舟の中に倒れこんだ。そこで鈴木さんが起き上がり、それからどれくらいあとのことか意識にはっきり残っていないそうだが、彼の目に、遠くで点滅する白い光が入ってきたのである。それは幻覚ではないと断言できる、間違えようのない灯台の光だった。

私たちも伴走船上から、同じ光を見ていた。方角は北北東。カシオペア座の真下である。このときスギメは与那国島まで40キロメートルの位置に迫っていたが、それはちょうど島の西崎《いりざき》灯台の光が届く範囲だった。

「あっ、見えちゃった」ということで、鈴木さんは寝ていた他の仲間にも伝えたが、疲労回復まならない皆の反応は、それぞれだった。

村松さんは、このとき横になりながらも目が覚めていたので、すぐに起きてその光を見た。田中さんは身体が熱っぽかったので起きられず、宗さんも見ていないそうだ。原さんは起きて確認したが、それが休む前に自分が見た灯りと同じものと理解し、もう少し寝ていても大丈夫とまた倒れこんだ。鈴木さん自身も、光を見て安堵の気持ちになり、そのまま寝てしまった。

星空が広がって夜間航海の好条件が整ってから、もう3時間ほどが過ぎていた。島の位置も確実にわかったが、その安堵感くらいでは解消されない疲れと眠気が、5人の身体に残っていたのである。

希望の雲

午前3時を回った。相変わらずの満天の星空だが、丸木舟に動きはない。原さんの無線のバッテリーがもう切れているはずだったので、私たちの伴走船は、丸木舟のすぐ近くで待機することにした。その後スギメから「動きます」とサインが来たのは、夜明けが迫った5時前だった。5人が起きたので船上から叫び合って状況確認し、無線のバッテリー交換をすませ、再始動が始まった。

漕ぎ手たちは騒ぐことなく冷静に振る舞っていたが、昨日とは違うすっきりとした表情を浮かべている。狭い舟の上とはいえ、8時間ほど休むことができた。海上は昨日までとは打って変わってベタ凪ぎで、風も穏やかだ。そして北北東の方角に点滅している灯台の灯りは、3時間前よりさらに鮮明になっていた。島へ向かうのに、もう風も波も星も必要ない。スギメの5人が現代の光へ向かって力強く漕ぎ出すのを見届けたあと、私たちの伴走船もそれに続いた。

このとき与那国島までの距離は、28キロメートル。まだ夜は明けていない。暗闇の中で島を示すものは灯台だけだが、これから進む先には何が見えてくるのだろうか。

自らの力で越えた海の向こうに現れた島——旧石器時代の航海者たちが見たであろうその光景を、自分たちの目で見てみたいというのが、私がそもそもこの実験を始めた動機だった。その瞬間が、もうすぐやってくる。

再始動直後の5時15分頃から太陽の気配がし始め、やがて東の空の暗がりの中に、じわっと水色とオレンジ色が現れた。水平線近くの雲は厚そうで、残念ながらこれでは島影は見えないだろう。ところがその10分後、朝焼けの初期段階を迎えたとき、見えたのだ！

それはクバの葉のように、上空に長い尾を何本も引く、不思議な雲だった（図7-11）。その左右ではふつうの積雲が海上の低いところを覆っているが、尾を引く雲の下には何かがあり、それによって気流が乱されているようだ。そこに島があるに違いない。

図7-11　夜明けとともに見えた島の位置を示す雲

右手に見える水面上を覆う低い雲の層に対し、左手では気流の乱れが生じており、その下に島があると予想される。7月9日5時25分〈撮影：筆者〉

図7-12　ついに姿を現した与那国島

丸木舟が向かう正面に、うっすらと島影が見えた。7月9日7時38分〈撮影：筆者〉

私は、伴走船上で隣に座っていた撮影班の統率者で、海の撮影経験が長い門田修さんに訊いた。

「あの雲、間違いないですよね」

「ですね」

海上はさざ波が立っているがうねりも弱く、行く手に障害となりそうなものは見えない。丸木舟はその中を静かに、途中休憩を入れながら、あの雲を目指して進んでいく。目の前がどんどん明るくなっていく中、すでに灯台の点滅は消えていた。

夢に描いてきた光景

再始動から1時間半以上が経過した6時45分。太陽が昇る中で、島の位置を示していたあの不思議な雲はすでに消滅していたが、前方のモヤの奥を注視していると、うっすらと島影が見えてきた。ちょうど与那国島までの距離が、20キロメートルを切った地点である。島が近づくにつれて雲が増え、空は白っぽくなってしまったが、モヤの向こうの島影は着実に明瞭さを増している。伴走船上のスタッフも皆、その輪郭を食い入るように見つめていた（図7―12）。

私は、これまでにも同じ島影を何度か船上から見たことがあった。しかし今見えているものは、それらのどれとも違うように思えた。目の前にあるのは、5人が2日にわたる奮闘の末、人の力で導いてくれた島なのだ。これこそが、この6年間、山で調査し海で実験を繰り返しながら、自分が夢に描いてきた光景だった。

与那国島は、東西12キロメートル、南北4キロメートルと小さな島だが、私たちの舟は南方から島に接近していたので、それが意外に広い島であるかのように見えた。ただし、火山活動ではなく堆積岩が隆起してできたこの島の標高は低く、最高峰の宇良部岳《うらぶだけ》でも231メートルしかない。海から眺めると、低くて見つけづらい島であるということが実感される。

さて、「島は見えてからが遠い」とも言われるのだが、私たちの航海はまだ終わりではない。とくに島の周囲には、しばしば、浅く入り組んだ海底地形の影響で、複雑に変動する潮の流れが発生する。そうした流れの中で、局所的に、黒潮のように強力で速い流れが形成されることも、珍しくはない。従って、島へ向けて舟を進める際は、そういうすべてのことを予測し、上陸前にあるかもしれない難関を越えるだけの体力を残しながら、進まねばならない。

実際、私たちの丸木舟のスピードは、夜明け前の再始動時には時速7キロメートルに迫っていたのが、島に近づいてからは、漕ぎ方を変えたわけでもないのに、時速5キロメートルほどに落ちていた。漕ぎ手たち自身も、島に近づくにつれて舟の進みが鈍くなることを感じていたという。

図7-13　与那国島ナーマ浜に到着した丸木舟

スギメは西崎を通過し（上）、7月9日11時48分に無事に目的地に到着した（下）
〈撮影：海工房（上）、太田達也（下）〉

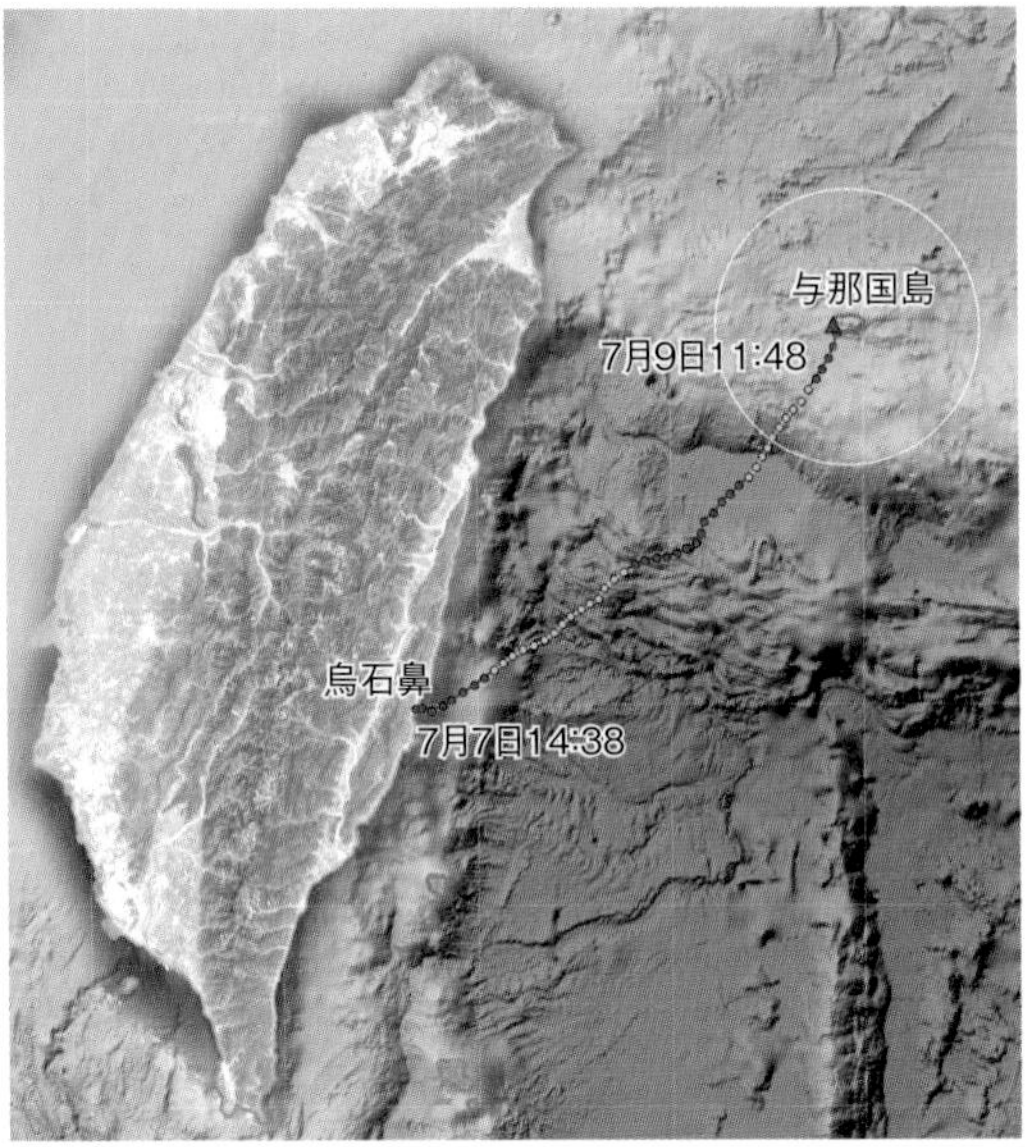

図7-14　丸木舟スギメの航跡

2019年7月7日〜9日の実験航海のGPS航跡記録。日中を赤、夜間を水色で示してある。この航跡だけを見ると、航海は順調だったように思えるかもしれないが、実際には、本文に記したような数々のドラマがあった〈Google Earthの地図をベースにカシミール3Dを用いて作成／Google Data LDEO-Columbia,NSF,NOAA Data SIO,NOAA,U.S.Navy,NGA,GEBCO Landsat/Copernicus〉

我々が目指す到着予定地は、島の西端にある久部良《くぶら》のナーマ浜である。私は実験前に何度も島を訪れて、実験航海の上陸地点をそこと決めていた。この落ち着いた砂浜は、台湾を望める位置にあり、実際に、台湾からやってきた古代舟の上陸ポイントであった可能性が高い。3万年前に島に初上陸した旧石器人を忠実に再現するなら、本当は島に接近してから沿岸を回って上陸できるポイントを探す作業をしなければならないが、入国審査など現代の事情を抱える我々に、それは許されなかった。

原キャプテンは、沖から久部良への最短航路を行くのではなく、まず島に近寄って、そこから沿岸づたいに上陸ポイントへ移動することにした。久部良の湾に入る手前の西崎《いりざき》は、潮流の激しい難所である。私たちはその場所で、3年前に、7人乗りの草束舟で立ち往生した経験がある。そのときは、草束舟の漕ぎ練習で沖に出ようとしたのだが、ここで流れにつかまって抜け出せず、数時間の奮闘の末、結局島へ引き返したのだった。今回は丸木舟が、やはり複雑で強い潮流が発生していたその同じポイントを、5人の全力漕ぎで乗り切ってみせた。そして岬を回ると湾の入り口にさしかかり、その奥に、ゴールのナーマ浜の砂浜が見えた（図7–13）。

そこから先は、3万年前から一気に現代に戻って行くタイムトンネルのようだった。私たちは石垣島から来て待機してくれていた厚生労働省、財務省、法務省の職員にパスポートやらサインの入った書類を渡し、検疫と税関と入国審査を受け、上陸を許可された。

本当は無人の島に着くのだから歓迎などないわけだが、検疫官からは「やりましたね。偉業です！　本当に素晴らしい！」と力強い祝福を受け、岸辺に集まってくれていた大勢の地元の皆さま、3年前に草束舟を一緒に作った懐かしい仲間たち、東京の国立科学博物館から派遣され与那国陸上本部を動かしてくれていた同僚らから歓待され、そして浜で待機していたマスコミの取材を受けた。

こうしてすべてが、無事に終わった（図7-14）。当初想定の30〜40時間を大幅に上回る45時間10分の航海の末、私たちは再び、陸を踏んだのである。

「3万年前の航海 徹底再現プロジェクト」の歩み

2013年3月	プロジェクトの立ち上げ準備を開始。沖縄の与那国島にて、最初の研究会を開催。
2014年8月	与那国島にて、初めて草束舟を試作。
2015年10月	与那国島にて、2度目の草束舟を試作。
2013〜2015年	プロジェクト実現のためさまざまな資金獲得を試みるがうまくいかず、実験計画が行き詰まった。
2016年2〜4月	第1回クラウドファンディングに挑戦。875名から2638万円の支援をいただき目標達成。プロジェクトが正式に発足。
5〜6月	与那国島にて、草束舟製作のための草刈りと天日干し作業。
6〜7月	与那国島にて、テスト航海に使う草束舟の製作。
7月	草束舟のテスト航海。与那国島から西表島に向けて出航するも失敗。
2017年3〜5月	台湾にて、竹筏舟「イラ1号」を製作。
6月	イラ1号で黒潮本流を初体験。台湾から緑島を目指すテスト航海に失敗。
8月	台湾の山から与那国島が見えることを確認。
9月	石川県能登にて、石斧によるスギ伐採実験。竹筏舟と並行して丸木舟の可能性を模索し始める。
10月	京都府舞鶴にて、縄文型丸木舟に試乗して丸木舟の感触を確認。
12月〜2018年5月	台湾にて、改良した竹筏舟「イラ2号」の製作。
2018年5月	東京都立大学にて、丸木舟の製作を開始。
6月	イラ2号による台湾の台東沿岸でのテスト航海。浮力不足で失敗。
7〜9月	第2回クラウドファンディング。877名から3340.2万円の支援をいただき目標達成。
7〜8月	東京の国立科学博物館にて、丸木舟製作を一般公開。多くの方々に生の実験の様子を見ていただく。
9月〜2019年2月	千葉県館山にて丸木舟の安定性改善・製作仕上げ・漕ぎ練習を目的とした合宿を計4回おこなう。
2019年5〜6月	台湾にて、本番直前の準備合宿。安全訓練と漕ぎ練習を繰り返した。
6〜7月	プロジェクトの締めくくりとなる丸木舟の実験航海を実施。台湾から与那国島への航海に、ついに成功する。

2019年6月、実験航海へ向けて台湾沿岸で漕ぎ練習中の丸木舟スギメ

第8章

祖先たちはなぜ島を目指したのか

後期旧石器時代の男女は、なぜリスクの小さい大陸の他の場所でなく、遠方の小さな島を移住先に選んだのか。そこには、旧石器人の知られざる挑戦心が見え隠れする。祖先たちの実像を追いながら歴史を見直すと、私たち自身を理解する新しいヒントが見えてくる。

改めて向き合うべき「問い」

私たちは、プロジェクトの最終目標であった本番の実験航海を、ついにやり遂げた。となると、そろそろ、これまで留保してきた「旧石器時代の祖先たちは、なぜ海の向こうの島を目指したのか」という問いに向き合う時だろう。

海は危険に満ちている。イギリスの著名な古代史作家ブライアン・フェイガン氏が『海を渡った人類の遥かな歴史』に記しているように、海を畏れる意識は、世界のどのホモ・サピエンス社会にも存在した。古代の人々は、魚介類や海藻といった食べものを与えてくれる海に親しみを持ちつつも、そのすべてを飲み込んでしまう圧倒的な力に対して、「強力な怪物や野蛮な神々が潜む場所」「祖先たちがいる死の世界」といったかたちで、敬意を伴う恐怖の気持ちを抱いていた。

海を知ればそうなるのは無理からぬことで、それは旧石器時代の祖先たちも同様であったに違いない。それなのになぜ、彼らはそこへ出ていったのか。これを考えるため、まず、私たちの「3万年前の航海 徹底再現プロジェクト」の準備段階からの6年間を通じて、解明されたことを整理しよう。

3万年前の舟は何か

3万年以上前に最初の琉球列島人が航海に使った舟は、丸木舟であった可能性が高い。実験プロジェクトでは、このことを豊富なデータを揃えて示せたと思う。

草や竹でこの海域を流れる強力な黒潮を越えるのは、ほぼ不可能だった。私たちは、3万年前の技術で丸木舟を作れることを確かめ、さらにこの舟なら黒潮を横断できることを海の上で実証できた。島の周囲ではしばしば複雑な潮流が発生するので、それをかいくぐる機動力がないと、島を見つけても上陸できない。丸木舟はその点においても信頼できる。今回の航海では、与那国島への上陸を目前にした西崎《いりざき》付近で強く複雑な潮に当たったが、私たちの丸木舟はそこも越えた。

ただし、これまでに3万年前の舟の残骸が遺跡から見つかった例は、世界のどこにもない。だから厳密には、3万年前に丸木舟が本当に存在したかどうかは、まだ証明されていない。その意味で丸木舟は、現時点であくまでも「もっとも有力な仮説」だ。

それでも私たちの実験プロジェクトとしては、これで十分だった。私たちは、「海を渡るとはどういうことか」を知るための実験航海に丸木舟を選び、その航海を通じて貴重な経験を得た。

仮に祖先たちが丸木舟よりも原始的な舟を使ったのなら、彼らが乗り越えた困難は、私たちの経験よりもさらに大きなものだったことになる。つまり私たちは、3万年前の祖先たちが越えねばならなかった最低限のハードルを知った。

舟を作ってわかったこと

草・竹・丸木の舟を古代の技法で作るというのは得がたい体験で、新たな発見の連続だった。まず鮮烈に感じたのは、「海に出たければ、山に行く」という逆説だ。現代の私たちは、航海と言えば最初から海へ行くように考えてしまうが、それは船を他人が用意してくれる前提があってのこと。歴史上、船大工のような職人が登場する前の時代には、自分たちが乗る舟は自分たちで作っていた。それは野山での材料探しから始まるのだが、よい舟を作りたければよい材料が必要で、そのために植物の種類、分布、生育などについての深い知識も必要となる。つまり先史時代の舟所有者は、植物博士でもあったのだろう。

次に印象に残ったのは、草でも竹でも丸木でも、舟を作るためには予想外の労力がかかることだった。その作業は、野山での探索、伐採、運搬、各種の前処理から、作業場の設置、加工や組み立てと、長い工程がある。私たちは当時の道具を使ってその作業の一部を体験したが、実際には作業時間短縮のため、いくつかの工程を文明の利器に頼った。たとえば、草刈りと竹の伐採のほとんどは鉄のカマやノコギリでおこない、草を湿地から浜に運び、竹や巨木を山おろしする困難な作業は、クレーンとトラックと舗装された道路に助けられた。

すべてを古代のやり方でおこなったら、想像を絶する作業量になる。とくに山おろしは、大勢の協力が必要な重労働だ。たとえば、薩南諸島で昭和までおこなわれていた丸木舟の製作現場では、巨木を伐採後に荒削りした状態で、10～20人の男か最大10頭の牛馬で山おろししたという。一日がかりの大仕事なので、作業後には依頼主が皆にご馳走と酒を振る舞うのが通例だった。

一方でこのことは、「旧石器時代の祖先たちはそこまで苦労してでも舟が欲しかった」ということを教えてくれる。それが魚を獲るためなのか、ものを運びたいからなのか、理由は定かでないが、彼らはそれだけのコストをかけて、海に出た。

もう一つ実感したのは、草、竹、丸木のどの舟だろうと、作るためには職人的知識・経験・技が必要ということだ。作業の多くは、やり方を教われば手伝えるものなので、ただやっているだけだとその奥深さに気づかないかもしれない。しかしその一つ一つの工程は誰かが考え出したものであり、「自分ならそれを生み出せるか」と自問してみると、重みがわかってくる。たとえ原始的な舟でも、その一艘には試行錯誤と工夫と発明の歴史が詰まっていると、つくづく感じた。

人力で渡れるのか

風は地球上のどこへ行っても吹いているので、それを舟の推進力に使えないかという発想は、古くからあったに違いない。しかし実際には、変動する風を使いこなすには複雑な技術が必要で、ホモ・サピエンスがそれを開発したのは、今から数千年前のことであった。

この考古学の知識を踏まえれば、１万年以上前の旧石器時代の舟が、人の筋力を推進力にする漕ぎ舟だったことは、自明となる。それでも私のところには、「古代の舟を人力で漕ぐ航海なんて無理でしょう」という意見が多数寄せられていた。プロジェクトでは丸木舟を漕ぐ２００キロ以上の航海に挑み、成功して、この疑念を晴らすことができた。

もちろん、精神的にも身体的にもタフでなければ、古代の漕ぎ舟による移住は成し遂げられない。乗員にはさまざまな技能も必要で、舟を転覆させずに進め、かつ長時間続けても疲れないように漕ぐ技術、天候と海況の変化を予測して出航のタイミングをはかるセンス、星やうねりなど周囲の自然を読み取って方角を見定める技など、身につけるべきことは多くある。

さらに海の上での経験、助け合い、冷静さも必要だが、とりわけ重要なのは、「島は必ず向こうにあるはずなので、このまま漕ぎ続ければいい」と、自分を信じる力だろうか。海の上での迷いや過度な不安は危険を招くというだけでなく、信念が舟を進める原動力になるからだ。

このように太古の漕ぎ舟による航海は、後世の帆船や動力船の航海と比べて、人間自身がやるべき作業が多く、心の部分においても「人に求められる条件」が厳しくなる。それを男女問わず、舟上の全員が身につけ、献身することが必要というのが、実験航海を通じて得た結論だ。

台湾のアミ族のしきたりでは、竹筏を作り操るのは男の仕事であって、女は竹に触ることすら許されなかった。逆に男は土器づくりや織物など女の仕事を尊重するのだが、そのように私たちが知る伝統的社会では、しばしば男と女のやることが明確に定められている。しかしそれでは、旧石器時代の移住は、成り立たないだろう。たとえば5〜6人乗りの舟で3人しか漕がなかったら、舟は危険な海を越えられない。そこでは性別や性格や運動の得意不得意を問わず、皆が「人に求められる条件」をクリアし、参加することが必要だったと思われる。

それでも何しろ、これらができれば人間の力で海を渡れる。旧石器時代の祖先たちは小舟を人力で動かしていたが、彼らは男女の集団で果敢に海に出て行き、4万7000年前かそれ以前にオーストラリアやニューギニアへ、そして3万8000年前以降には東アジアの大陸縁辺から古本州島や琉球の島々へと移住していった。

「見えない島」をどう見つけるか

琉球列島には、100キロメートル以上の距離があって、かつ隣の島が水平線の下にあって見えない海峡が2つある。一つは台湾と与那国島の間で、もう一つは宮古島と沖縄島の間の海峡だ（60ページ 図2-4）。旧石器人は、その両方か、少なくともどちらかを突破して、石垣島、宮古島、沖縄島などの島に移り住んだ。これまでの人類・考古学の証拠を総合すると、旧石器人は台湾から北上し、この2つを含む5つの海峡を越えて沖縄島へ到達した可能性が高い。

このうち与那国島は、台湾北部の山の上から発見できるので、旧石器人がそこを目指す計画を立てて舟を出したというシナリオを描ける。しかし宮古島と沖縄島は、3万年前でも直線で22

0キロメートルと遠く、山に登っても相手の島が見えない関係にある。その手掛かりのない海峡を彼らが越えたのなら、どうやって成し遂げたのかまったくの謎だ。

私たちは、「3万年前の祖先たちは、黒潮の流れを考慮して、台湾の南方から与那国島を目指した」という想定で、丸木舟で実験航海をした。私たちが設定した航路では、与那国島までの直線距離が206キロメートルで、その途中で島が見えるようになるのは、天候状態が最高であれば残り25％の位置となるはずだった。実際には私たちの実験航海の日は視界が良くなく、島に近づいたのが夜だったこともあって、島影が見えたのは最後の10％になってからだった。

やってみて実感したが、このように見えない島を目指すというのは、なかなか勇気がいる行為で、自信がなければできない。私たちは島にたどり着いて実験に〝成功〟したが、これから述べるように、3万年前の祖先たちが実際にどうやって見えない島を見つけたかについては、まだ解明できていない部分がある。

では私たち3万年前チームがどうやって与那国島にたどり着けたかを、改めて振り返ってみよう。ここで述べることが私たちの実験の価値を損なうとはまったく思っていないが、3万年前の真実を知るために、あえて厳しく見ていきたい。

最初に出航の判断についてだが、チームはしっかりタイミングを捉えて、予定していた期間内に実験を成功させた。7月7日を逃していたら出航できずに終わっていたのだから、見事というしかない。ただしそれは、漕ぎチーム自身による海の観察（出航地から目視できる範囲は半径16キロメートル程度）に加え、与那国島を含む数百キロメートル先までをカバーした広域天候予報も参照しての話であって、3万年前のようにすべてを人の力でおこなったわけではない。私たちにとっては、生まれ故郷ではないアウェーの地で、しかも夏至南風《かーちばい》の強風がおさまらない悪天候の中で仕方ない選択であったが、とにかくこの部分は、十分な3万年前の再現には至っていない。

次に航海についてだが、私たちは出航初日の午後から翌朝にかけて、黒潮本流を横断した。このときは、北北東に流れる黒潮に対し、丸木舟はそれと直行する東南東へ漕ぎ進んで、結果的に北東方向の与那国島に近づいていく作戦だった。そうして黒潮横断に成功したのは、集中力とチームワークで荒れた海を越え、夜の星が見えづらい厳しい状況でも方角を見誤らなかったことが勝因だ。さらに2日目は、疲労と暑さを助け合いでカバーして何とか舟を前進させた。

そこまで舟を進められたのは、漕ぎチームの冷静な奮闘によるもので、あの海、あの空の下で、本当によくあそこまで行ってくれたと、思い出す度に胸が熱くなる。

問題はその後である。丸木舟は想定以上に黒潮を早く越えてしまっていたのだが、視界不良の中で漕ぎ手たちはその状況を把握できていなかった。黒潮本流を越えると海流は弱まり、丸木舟の機動力が勝って、舟は東へぐいぐい進み始めた（260ページ 図7-5下）。そのまま行けば与那国島のはるか南を、島を見ることなく通過してしまうところだったのが、2日目の昼過ぎから丸木舟の針路が北東に変わり、与那国島へ向けて進み始めたのである（277ページ 図7-8）。

このときどうして針路を変更したかと言えば、出航してから24時間は東南東へ漕ぎ、その後は北東に針路を変えると最初から計画していたからであり、そのような計画がなぜあったかというと、事前に地図と海流図を見ていたからだった。

台湾出航前の烏石鼻のキャンプで、漕ぎチームが地図を眺めながらこの航海計画を立てているとき、私は内心困ったなと思っていた。地図は過去数百年の歴史の中で作られたものであり、3万年前の祖先たちの頭の中にはないものだ。「舟の速度と距離をみると、24時間漕げば黒潮本流を抜けるはず。その向こうには北東向きの緩い海流が流れていることが多いから、それが島の方向へ運んでくれるかもしれない」といった会話を耳にしたときも、そのような海流の情報など知らないでおいてほしかったと思った。この海峡を最初に渡った3万年前の祖先たちは、黒潮の向こう側の海についての知識は持っていないからだ。

しかしそれらの情報は、2年前から古代舟の性能を検証するために私自身が持ち込んでいたものので、それを今さら見るな、参照するな、忘れろと言っても仕方ない。

ともあれ、この航海計画があったから、丸木舟は与那国島のほうへ進んだ。ただし実際の海上ではそれがスムースにいったわけではなく、2日目の午後は島がなかなか見えず、5人が不安とストレスを抱えながら信念に支えられて漕ぎ続けたことは、前章に記したとおりだ。

では3万年前だったら、どのような話になるのだろう。

旧石器時代の当時に知り得たのは、「台湾から沖に出ると北向きの強い流れがある」というところまでだったろう。どれだけ行ったらその流れを越えられるのか、越えた先はどうなっているのかについて、彼らは事前知識を持たず、それは行ってみてはじめて知ることだ。そのような状況で、旧石器時代の祖先たちはどういう作戦を立てたのだろうか。

今回の実験航海の結果を参照しながらの思考実験になるが、出航地を烏石鼻ほど南に下げるのでなく、与那国島が見える南限の太魯閣《たろこ》から出発するシナリオを考えてみることにした（図8-1）。

黒潮本流はときに秒速2メートルに達し、与那国島付近まで広がることがあるが、私たちが実験した7月7日の流れはそこまで強烈ではなく、最大流速は秒速1・5メートルほどだった。そういう日に当たれば、与那国島の少し北へ流される程度の状態で島の可視圏内に入り、そこから与那国島を海上から見つけて針路修正できそうだ。もし出航した日の海流が強くて難しそうだったら、台湾へ戻ればいい。

この変更した計画のよいところは、島が見えた場所を出航地にしているところなのだが、旧石器人の立場に身を置くと、そのほうが妥当に思える。ただし、与那国島の可視圏内に入ったらすぐに島を見つけないと、漂流リスクが大きくなるので、視界がよい日を選ばなければならない。

結果として、旧石器人が地図も海流情報も天気予報もなしにどうやって台湾から与那国島へ渡ったかについて、実験で詰め切ることはできなかった。それでもこの実験航海を通じて、古代の漕ぎ舟で黒潮を越え、見えない島を目指すということが実際にどういうことなのかを、私たちは体感することができた。それが最大の目的であったから、私自身はこの実験に十分満足している。

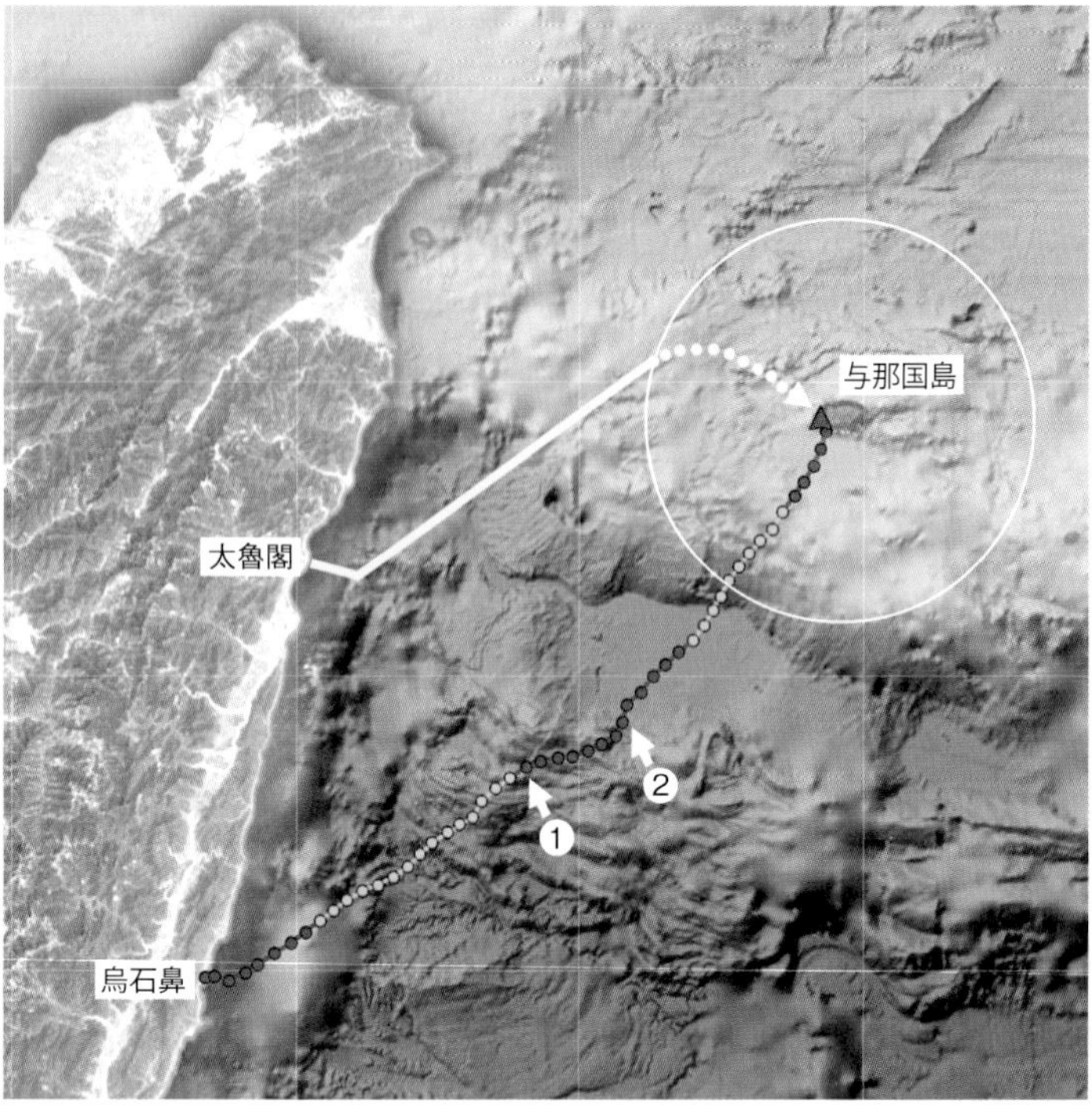

図8-1　実験後に筆者が考えたもう一つの航海戦略

烏石鼻からの実験航海では、①で黒潮本流を抜け、②で島が見えるか確認する航行をおこなったあと、地図を参照した事前作戦に従って北東へ針路を変えた。太魯閣から出航する新しいモデルでは（黄色）、烏石鼻からの実験航海と同様の航跡で黒潮を越えたところで、与那国島を発見できる可能性があるので、それ以降は弱い北向きの海流の中を、島を目指して漕ぎ進む（破線部分）。このとおりに航海できれば、地図がなくても島に到達できる。円は好天時に海上から与那国島が見える範囲（半径50キロメートル）〈Google Earthの地図をベースにカシミール3Dを用いて作成／Google Data LDEO-Columbia,NSF,NOAA Data SIO,NOAA,U.S.Navy,NGA,GEBCO Landsat/Copernicus〉

彼らはなぜ島を目指したのか

「そんな危険を冒してまで、なぜ島を目指したのでしょうか？」

プロジェクトを始めて以来、もっとも多く寄せられたのがこの疑問だった。もちろん私も、それを知りたい。

本当に不思議だ。今まで誰も行ったことのない海を行くのだから、安全にたどり着ける保証はない。仮に行けたとしても、目的地は小さな島だ。そこに何があるのか、どんな生活が待っているのか、気に入らなかったら帰ることができるのか、何もわからない。そういう航海に男女が参加し、日本へ上陸して遺跡を残した。

しかしそれを決行した本当の理由は、結局のところ、当の本人たちに聞かないとわからない。先史時代の人類史を研究していて歯がゆいのは、祖先たちが何をしたかを明らかにできても、彼ら彼女らの気持ちまではわからないことだ。私たちはそれを憶測することしかできないが、実験プロジェクトでここまで詰めてきたのだから、その経験を活かして踏み込んでみよう。私自身はどちらかと言えば積極的に行動するタイプの人間だが、そこに影響されぬよう、できる限り3万年前の旧石器人の立場に立つよう意識して考えてみたい。

第2章では、彼らが琉球列島に漂着したのではなく、そこを目指して意図的に航海してきたと論じた。ただし意図的航海の中にも、「その場を追い出されて仕方なく目指した」のと、「自らの意志で計画的に目指した」のと2通りがあるだろう。この2つは区別できるだろうか。

前者の「逃亡説」は、島への移住は不安であり希望ではないという考えに基づいている。確かに故郷の大きな陸を捨て、危険な海を越えて小さな未知の島へ行くのだから、本当は行きたくなかったのではないかと勘ぐる必要はある。しかし私たちが実験した経験からは、そうとは考えにくい点が浮かび上がってきた。

古代の航海は、よい日が来るまでじっくり待たなければならない。念入りに準備することも大事だ。私たちの実験航海は、確保できた19日の挑戦期間の中で比較的よい日を選んで出航したが、その日でさえ海が荒れ、視界が不十分だった。もっといい条件が欲しければ、挑戦期間を延ばすしかない。さらに私たちは、何度も沖に出て海流と舟の動きをチェックし、本番へ向けて準備をしてきた。そうした準備が必要なことは、古代の祖先たちにとっても同じであったに違いない。

そう考えると、他の集団や仲間から追われて逃げた末にたどり着いたという逃亡説のシナリオは、準備の余裕がなく難しく思える。もちろんそれでたどり着いた可能性を否定できるわけではないが、私たちの実感では、古代の航海は準備なしに行けるというほど甘くはない。準備の猶予を与えられて追い出される特殊なケースがあったなら話は別かもしれないが、少なくとも脱出劇のような移住というのは考えにくい。

実際に、台湾における18世紀から近現代までの歴史記録を見ても、外来民族の入植、部族間紛争、自然災害、伝染病などの危機に際して原住民の諸集団が移住した例が多々ある。しかしどのケースでも、退避したのは台湾島内の別の場所であり、誰も与那国島へ逃げたりはしていない。人の集団が緊急避難するときは、可能な限り、既知の安全な場所を選ぶはずだ。

もう一つ大事な点がある。琉球列島全域への移住を完了するには、17回ほどの海峡横断が必要だったことを第2章で述べた。このすべてを逃亡説で説明するのは、果たして妥当だろうか。嫌々ながら海を越えた男女がそれほどたくさんいたというのは、私はあまり想像できない。

一方、自らの意志で行ったとする「積極説」の場合は、海峡横断の証拠が多いほど現実味を帯びてくる。この時期に琉球列島のみならず、朝鮮・対馬海峡、神津島、さらにインドネシアやニューギニアの海を渡る人々がいたことを改めて考えると、それはやはり、人々が積極的に海の向こうを目指し始めたサインに見えるのである。

ただし、逃亡による移住がなかったとまでは言わない。大陸から最初の島へは逃げ出した集団がたどり着き、その後は自分たちの意志で島々へ渡ったという仮説を立てることも可能だ。しかしそれを裏付けるのは難しいだけでなく、その可能性にこだわりすぎると、大事なことを見失ってしまいそうだ。それはホモ・サピエンスが、この時期に西太平洋および世界の各所で、海洋世界という新たな場を積極的に開拓し始めていたという事実だ（40ページ図1-6）。その一部が逃亡であったとしても、彼らが近い島へ渡る術を持っていたという事実は揺らがない。そして人類最古の本格的な航海を始めた彼らの足跡は、その次の時代のより大規模な海洋進出につながっていくのである。

与那国島の謎

後期旧石器時代のホモ・サピエンスが、自らの意志で積極的に海に出始めたと仮定して、「なぜ島に行こうと思ったか」という問題に移ろう。こちらも大きく2つの可能性が考えられる。一つは「今暮らしている土地に嫌気がさして移りたいと考えた」で、もう一つは「海の向こうに見えた島に対する純粋な好奇心」だ。どちらの仮説も新たな土地に希望を抱いているが、決断の動機が今暮らしている土地への不満にあるのか、それが「山があるから登る」というような好奇心にあるのか、という点が異なる。

これについては論証が難しく、どちらが妥当とも言いづらい。強いて言うなら、どちらも正しいのではないだろうか。つまり出ようと思う理由と、行ってみたいと思う理由の両方があって、それに一緒に行こうという仲間や、行けるという自信が合わさったときに、移住の決断が下されたと私は想像する。「出たい」と「行きたい」のどちらが強いかは、状況や人によってさまざまだったと思われる。

具体的な場面として、私たちが実験した台湾から与那国島への移住について考えてみたい。台湾を出たくなる要因は何があるだろうか。私自身が滞在した経験からすれば、台湾の東海岸は自然が豊かで、美しく、海に出ても陸を見失わない安心感があるし、とくに離れたくなるような理由は見当たらない。なにせここは、かつてポルトガル人が「Ilha Formosa（美麗島）」と呼んだ島だ。食料不足、病気の蔓延、人間関係の問題などを想像することはできるが、どれも根拠のない可能性に留まる。

では与那国島に行ってみたいと思う理由は何だろうか。巨大な台湾に対して与那国島はあまりに小さく、しかも遠い。「逃亡説」で触れたとおり、渡ったあとの暮らしを考えると不安が先行しそうだ。そこが与那国島の謎である。

だが私には、忘れられない記憶がある。太魯閣の山頂から実際に与那国島を見つけたとき、「こういうふうに見えるのか……」と特別な感覚におそわれた。第6章に記したが、与那国島は太陽が出てくる方向にあり、時期によっては太陽が島の背後に現れる。そして山の上からでも朝夕しか見えず、山を下りれば視界から消える〝幻の島〟だ。たとえ小さく遠くとも、そこに行けば素晴らしいことがあると、人によっては信じたかもしれない。

こういう光景に神秘的な魅力を感じてしまうのは、ホモ・サピエンスならではであろう。台湾の山にいるサルたちが、同じものを見て感傷に浸るとは思えない。一方、三万数千年前に世界へ大拡散の途上にあったホモ・サピエンスの集団なら、これを見て何かを思うはずだ。そのとき彼らが舟を持ち、多少とも海に出ているなら、「あそこまで行けるだろうか」という発想になってておかしくない。それが丸木舟のように機動力がある舟で、よい作戦を立てれば沖の海流も越えられそうだと実感したなら、その気持ちは「やってみようか」に変わるかもしれない。

あまり想像をたくましくすると科学のあるべき姿勢からだんだん逸れていくので、これくらいにしておくが、旧石器時代の祖先たちが、台湾から与那国島を目指すに至るシナリオを、このように描くことはできる。私はそれなりに説得力のあるシナリオと思うのだが、読者の皆さんはどうだろうか。

〝いらぬことをやる挑戦者〟——祖先たちの本当の姿

旧石器人と言えば、「低い生活技術で厳しい自然環境をなんとか生き抜いてきた原始人」というのがこれまでのイメージだったと思う。しかし先入観を排し、証拠に基づいて彼らの実像を丹念に探っていくと、それとは違う姿が見えてくる。

「3万年前の航海 徹底再現プロジェクト」の研究と実験を通じて、〝最初の日本列島人は航海者〟だったことを示した。では彼らは、〝海に立ち向かった挑戦者〟だと言っていいのだろうか。私はイエスと答える。島を目指した理由が積極的であろうと消極的であろうと、彼らが人類にとって未知の新しい世界を開拓したことに、変わりはない。

まず、海を渡ることが大きなチャレンジだ。彼らは未体験の海域へ進入したのだから、安全にたどり着ける保証はなかった。彼らは小さな漕ぎ舟で出航したが、私たちの実験で見たように、その航海では技能、体力、忍耐力、知識、観察力、予見能力、協調性など、多方面において、男女ともども人間力を試されるものだった。

さらに、新しい島へ上陸し、そこへ移住するということは、故郷の土地で蓄積してきた動植物や自然に対する知識を、捨てることでもある。つまり、何が食べられるのか、水場はどこか、道具の材料はどこにあるのか、それらをどうやって得るのか、どんな危険生物がいるのかといった、生活に関わる知識体系を再構築しなければならない。

そうしたリスクを覚悟で新しい世界に飛び込んだ彼らは、立派な挑戦者ではないだろうか。

ホモ・サピエンスは過去1万年ほどの間に、無数の数え切れない挑戦を繰り返して世界を広げてきた。海は、当初は食べ物としての魚介類を与えてくれる場に過ぎなかったが、やがて航海技術が発達すると、そこは人や物や文化が動いて外部世界と通じる場となった。つまりホモ・サピエンスは、海を「障壁」から大量輸送も可能にする便利な「路」に変えた。それは漕ぎ舟から帆船、蒸気船、内燃機関によるモータ船へと続く造船技術の革新だけでなく、波や海流や風の理解、地道な海底地形測量による水路図の作成、天体の位置から緯経度を割り出す手法（天測航法）の開発など、挑戦的探求の積み重ねがあって、一つ一つ実現されたことだった。現代では、海はエネルギー・鉱物資源探索の場でもあり、気象、大気組成、生物分布など地球環境のあらゆる側面に多大な影響を及ぼしている仕組みも解明されつつあるが、それらも人間の挑戦と探究の歴史が成し遂げたものだ。3万年以上前に始まった海洋への進出は、その最初の、記念すべき大きな一歩だったと言える。つまりホモ・サピエンスの挑戦の歴史は、旧石器時代にさかのぼる。

こうした発展の歴史は、簡単なテストから始まり、徐々に難易度の高い挑戦に向かっていくものと思うかもしれない。しかし私たちは実験航海を通じて、旧石器人の海への挑戦が、技術の低さ、を人、間、の力でカバ、ー、す、る、意欲、的、なも、の、だ、っ、た、ことを知った。台湾から与那国島へ漕ぎ舟で渡るのはハードだったが、そういうリスクを背負った挑戦をしなければ、琉球列島の全域に広がることはできない。私たちが越えた海峡のさらに先には、宮古島と沖縄島の間のもっと広い海峡が待っている。島を生活の場にするという現在の私たちにつながる道を、彼らはそうして切り開いた。

一方で実験プロジェクトは、もう一つ興味深いことに気づかせてくれた。それは彼らが、「やらなくてもいいことを懸命にやった」ことだ。

逆説的だが、本当は、海の向こうの小さな島へ出ていく必要などなかったはずだ。大陸の野山の動植物を狩猟採集し、岸辺で魚が獲れるなら、それで十分暮らしていける。住んでいる場所に不満があったら、大陸の別の場所に移ればいい。それなのに彼らは、海を越えるという選択をした。なぜ男も女も、まるで限界に挑むような航海をしてまで、遠くの島を目指したのだろう。他の生き物がしているように、生きて命を育み継承することを至上とするなら、どう考えても霊長類の航海は不要だ。

しかしよく考えると、ホモ・サピエンスは世界各所で不要なことに精を出している。ヨーロッパではクロマニョン人が、地下の洞窟にもぐり込んで、暗く狭く不規則な空間に絵を描いた。7万年以上前の南アフリカ沿岸部には、河口へ行って食べられもしない小さな巻貝を集め、それに丁寧に穴を開けてビーズを作った人たちがいた。どちらの行為もふつうの動物の感覚なら、無意味なエネルギーの消費であり推奨されない。

同じ無意味なことを、私たち現代人も全力でやっている。アート、スポーツ、旅や冒険と、人間は生命を維持し命を継承する以外のことに、どれだけの労力と時間をかけているのか。私自身がやっている人類史の研究も、もちろんその類だ。現代の職業の大半はその類であり、私たちの所持品の大半は、生物の原理からすれば不要なものだ。

どうやらそこが、ホモ・サピエンスのホモ・サピエンスたるゆえんらしい。私たちは地球上の他の動物の感覚からみれば、やらなくてもいいことに情熱を注ぐ、不思議な存在なのだ。

ネコもサルも一定のエリア内で探検するが、ホモ・サピエンスの探検は、自身が属すテリトリーや生態系を超えて限界知らずに広がっていくところが、他の動物と決定的に違う。その好奇心や探究心こそがホモ・サピエンスらしさの重要な要素で、その旧石器時代における始まりを物語っている一要素が、海への進出と理解できる。

そうすると結局のところ、3万年前の後期旧石器時代人は、どういう人たちだったのだろう。彼らのことを探求すればするほど、「私たちと何ら違わない人間」というイメージが浮かんでくる。やらなくてもよいことに挑戦する不思議な特質を共有し、私たちより上でも下でもない、同じ人間だ。

もしこの話にピンとこなかったら、自分が後期旧石器時代に生まれた場面を想像してみてほしい。仮に現代人が彼らより知性において進化し優れているなら、その一員であるあなたは、〝天才〟として当時の社会に何らかの革新をもたらすことができるだろう。しかし私には、自分のそのような姿が想像できない。石器時代に生まれれば、仲間と同じように石器時代人として一生を過ごす以上の自分の姿が、考えられないのだ。もしあなたも私と同感であったなら、私たちは3万年前から変わっていない。

そのとき世界で起こっていたこと

日本列島、その中でとくに琉球列島を舞台として、海を越えた3万年前の祖先たちの姿を描いてきた。私は彼らを、偉大な挑戦者と呼びたいが、それは決して日本人のための英雄物語ではないことを、強調しておきたい。

第1章で述べたとおり、後期旧石器時代は、ホモ・サピエンスが世界へ広がって地球上の人類未踏の地を急速に減らしていく時代だった（21ページ図1-2、24ページ図1-3）。

東南アジアにいた者たちは海を越え、オーストラリアやニューギニア、そしておそらくフィリピン群島にも渡った。ユーラシアの北方では北極海沿岸に迫った集団がいて、その一部はアラスカへ続く道を見つけ、1万5000年ほど前にアメリカ大陸の土を踏む。やがてその子孫たちが南アメリカへ達し、5つの大陸のすべてがホモ・サピエンスの居住地となった。

熱帯雨林への進出も、そうした新しい環境への挑戦と考えられている。そこで暮らすには、樹上性の中〜小型の動物を捕らえる新しい狩猟技術が必要になるのだが、おそらく吹き矢か罠のようなものを発明したホモ・サピエンスの集団が、4万8000〜4万5000年前頃に、スリランカやボルネオ島の密林へ入り始めた。

無人の地を開拓した集団だけが、新しいことに挑戦していたわけではない。旧石器時代の装身具や壁画は、アフリカやヨーロッパだけでなく、ユーラシアとオーストラリアの各地でも見つかり始めている。縫い針や釣り針も発明され、後期旧石器時代の数万年間にも、ホモ・サピエンスの暮らしぶりは変化していた。

このように、後期旧石器時代のホモ・サピエンスたちは、各地で新奇的な行動を繰り広げ、新たな居住地を開拓するとともに、地域独特の文化を創り出していった。これらすべてが興味深いのだが、「3万年前の航海 徹底再現プロジェクト」は、その中で琉球列島への人類拡散に注目し、そこから人間を知る手掛かりを得ようという計画だった。

つまりこのプロジェクトは、台湾と琉球列島を舞台にした人類の物語の一幕だ。同じように魅力的な物語の舞台は、ここに限らず世界各地にある。また、今回の一幕の最終的な主役は、丸木舟を漕いだ者たちとなったが、私たちの舟作りの体験からもわかるとおり、島を目指す体制が整うまでには、長い試行錯誤の歴史と、それに貢献した大勢の人々がいたはずだ。そういう背景を見ずに、上陸した者たちだけを選ばれし英雄と安直に考えるべきではない。

さらに付け加えるなら、旧石器時代に世界各地へ広がったホモ・サピエンス集団が、そのままその土地の現代人集団になったとは限らない。最近の遺伝学的研究によれば、むしろそういうことは稀だった。たいていの地域では、旧石器時代以降に新たな集団の移住と混血が繰り返されていて、どの地域にも複雑な集団形成史がある。古本州島も琉球列島もその例外ではなく、海を越えてきた最初の日本列島人の子孫がどういうかたちでどこにいるのか、はっきりしたことを言えないのが現状なのだ。

歴史を物語るとき、「それは誰の祖先の話なのか」と気になる場合がある。しかし海を越えたのは誰の祖先かということにとらわれすぎると、その背後にあるホモ・サピエンスの壮大な物語が見えにくくなってしまう。

人間を知るために

２０１９年7月に、台湾から与那国島へ渡る丸木舟の実験航海に成功したとき、ある方から「50年前のアポロ11号の月面着陸に匹敵する偉業ですね！」と言われて、戸惑った。しかしその後少し考えて、それはそうなのかもしれないと思うようになった。

ここで偉業と称するのは、私たちの実験航海ではなく、再現しようとした3万年前の祖先たちの航海のことである。１９６９年にアポロ計画でアメリカ人宇宙飛行士が月に降り立った瞬間は、人類の宇宙空間への進出が大きく前進した象徴的な一歩だった。同じように、3万年前の東アジアにいた旧石器人が、黒潮が立ちはだかる広い海を漕ぎ渡って沖縄の島々へ到達したのも、当時の世界では最前線を駆ける行為だった。人類の月往復旅行を可能にしたアポロ宇宙船も、人類を沖縄の島々に運んだ舟（おそらく丸木舟）も、どちらもその当時においては世界最先端の船だ。

両者の大きな違いは、前者がテレビ中継されて全世界に知れ渡ったのに対し、後者は掘り起こさなければ誰も知ることのない埋もれた過去、という点だろう。

「3万年前の航海 徹底再現プロジェクト」は、その知られざる過去を明らかにするために計画した。資金集めや運営面で方々に迷惑をかけたやっかいな試みだったが、後期旧石器時代の祖先たちに対する誤解を払拭《ふっしょく》することができたのは、誇るべき成果であると思う。

人は誤解されたくないし、私たちも人を誤解したままでいたくない。この実験により、彼らの挑戦者としての側面が示された。つまり新しい世界を意図して切り開いていく人間の歩みは、旧石器時代から始まっていた。

もちろん、好奇心や探究心や冒険心だけが人間の側面ではない。言葉、意思伝達力、創造力、想像力、感動、感謝、反省、共感、同情、親切心、羞恥心、虚栄心、支配欲、嘘、戦争……ホモ・サピエンスはさまざまな側面を持っている。

世界各地には、これらの人間らしさがどのように現れ、今に至ったかを知るうえで重要な手がかりがまだたくさん眠っていることだろう。そうした過去が一つ一つ解き明かされ、地域的な偏りや歪みのない総合的な人類史を描けるようになることを、願っている。それを手にしたとき、私たちは、人間のこれまでの歩みと、これからの未来について、より現実的な議論ができるようになるはずだ。

おわりに――感謝を込めて

「3万年前の航海 徹底再現プロジェクト」は、大勢の皆さまの協力と応援があって実現できた、一大プロジェクトでした。2013年に草の根的に始めた計画がこれほど大きくなったのは、「祖先たちのことを知りたい、人間について理解したい」という共感がそれだけ広がったという証で、その謎への挑戦を素晴らしいチームでやり遂げられたことは、まさに感無量です。

「前途多難なプロジェクトでしたが、途中でやめようと思うことはなかったのですか?」とよく聞かれるのですが、たいへんだったことは事実としても、途中で断念しようと思ったことは一度もありませんでした。それは次の3つの動機と気持ちに支えられていたように思います。

まず、旧石器時代の祖先たちが凄すぎて、「彼らのことがどうしても知りたい」「彼らにできたことを自分たちができないのは悔しい」という、強い動機がありました。苦労はあっても、実験すれば必ず新たな発見と感動があるので、むしろやめられませんでした。

次に運営面は、人との難しい相談や交渉の連続でしたが、私は、人は誠意と熱意をもって話せば伝わるという希望を、いつも持っていました（幸運にも出会った人々が、そう思わせる方々だったということなのかもしれません）。さらに、これは3万年前の祖先たちに会いに行くプロジェクトだったのですが、それが思いがけず、たくさんの魅力的な現代の皆さまと出会うチャンスとなったことも、大きな推進力でした。むしろどうにもならないのは、天気や海などの自然です。「人は説得できても、自然には希望が通じない」と、現場で幾度も思わされました。それでも、「自然は理解しようと努めれば親しくなれる」という実感を持っています。

そして最後に、本当にたくさんの方々から応援していただいていたことが、このプロジェクトの絶対的な支えでした。そうした皆さまに、心より感謝申し上げます。

クラウドファンディングの1752名の支援者の皆さま、協賛企業（オフィシャルサポーター）の日本航空／日本トランスオーシャン航空／琉球エアコミューター、日本通運、ベストワールド、ルミネ、ワールドブレインズ、イカリ消毒、ガンガラーの谷、ファーマライズホールディングス、エム・シー・ジー、ヒット、サンソウシステムズ各社、および台湾の新光證券、CIPHERLAB、太古鼎翰、國家海洋研究院、特別協力いただいたモンベル社とガーミンジャパン社、寄付や募金にご協力くださった多数の皆さま（お小遣いを送ってくれた子どもさんも！）、その他さまざまなかたちでプロジェクトに関わり、見届けてくださった方々に、深く感謝の意を表します。中でも以下の方々には、とくにお世話になりました。順不同・敬称略で記させていただきます。

国立科学博物館の同僚とボランティアの皆さま、とくに事務局マネージャーとしてプロジェクトを最後まで支えてくれた三浦くみの、クラウドファンディング実施の提案者であり私をいつも信頼し支えてくださった館長の林良博、多大な協力をしてくれた職員の川尻憲司、藤田祐樹、関根則幸、田中庸照、有田寛之、内尾優子、野村篤志、豊田晃郎、稲葉祐一、吉野千津、久永美津子、柿栖記子。

台湾側の運営を超人的にこなしてくれた國立臺灣史前文化博物館の林志興と温璧綾、館長の王長華と、職員の黄國恩、劉世龍、邱瓊儀。

プロジェクトの実施面で中核的役割を果たしてくれた内田正洋。

舟作りを主導してくれた石川仁、頼進龍（ラワイ）、山田昌久、雨宮国広。

実験航海の安全体制を整えてくれた黄春源。

漕ぎ手として奮闘してくれた原康司、宗元開、鈴木克章、村松稔、田中道子、花井沙矢香、内田沙希、トイオラ・ハウィラ、張宏盛、池間有人、入慶田本竜清、大部渉、佐藤純、田中雅洋、中出実希、平野麻紀、堀江智成、山口晋平、赤塚義之、碇昌行、岡弘幸、小渕貴康、清水孝文、田中耕太郎、光菅修、大城千春、稲垣佐枝美。

安全管理面で貢献してくれた高桑秀明、早乙女竜也、菅田賢二、姜尚佑、陳坤龍、蘇宜忠、簡榮坤、そして日本の海上保安庁・石垣海上保安部と、台湾の海洋委員會海巡署。

研究面を支え有用なアドバイスをくれた後藤明、池谷信之、井原泰雄、米田穣、小野林太郎、片桐千亜紀、河野礼子、篠田謙一、山崎真治、菅浩伸、久保田好美、國府方吾郎、洞口俊博、田中伸幸、横山祐典、佐藤宏之、大竹憲昭、岩瀬彬、長崎潤一、佐野勝宏、石堂和博、横田洋三、辻尾榮市、田口洋美、塚本浩司、昆政明、出口晶子、板井英伸、宮澤泰正、美山透、郭新宇、阿部彩子、臧振華、アリエン、郭天俠、詹森、飯塚義之、高木健。

実験の実施面で有益なアドバイスをいただいた関野吉晴、洲澤育範、大城清、田村祐司、小池康仁、大西広之。

何度も無理を聞いてくれた撮影班の門田修と宮澤京子。カメラマンのＤａｎｅｅＨａｚａｍａ。与那国町の真謝喜八郎、長濵利典、與那覇有羽、松田啓太、東濵リエ、田中朝子、金城信秀、そして町長の外間守吉、役場の上地常夫ほか皆さま。

台湾での活動を支え盛り上げてくれた藤樫寛子、劉烱錫、江偉全、黄智慧、鄭淑芬、柳哲光、潘宥穎、林嵐欣、陳秀如、卓奕婷、鄭志強、詹炳發、呉東昇、李芝慧、張經緯、張少寧、張鈞翔、陳韋辰、程馨、林逸羣、林務局臺東林區管理處。

松崎健太と舞鶴市役所の皆さま。

清水庄太、石橋進一、須之部友基と東京海洋大学館山ステーションの皆さま。館山合宿に協力いただいた佐々木清徳、山本勉、藤田健一郎。

クラウドファンディングをともに闘い、プロジェクト名の半分名付け親でもあるREADYFOR社の田島沙也加。

プロジェクトの実施やクラウドファンディングなどでさまざまなサポートをしてくださった、上勢頭保・美保ご夫妻、福田裕昭、八尾修生、久野正人、本多信和、菊池亮、河合理美、高良和昭、塩島敏明、中尾薫、東山盛敦子、宮地竹史、大田次男、大城一文、石垣長治、屋良商店、徳岡春美、仲盛敦、宮城清志、嵩元盛兼、泉千尋、柴田周平、末次徹、山森英輔、三角恭子、安本浩一、今氏源太、三好太郎、松本彧彦、江口満、榎本雄太、東福侑一郎、江川潤、大西由希子、金柿秀幸、坂本竜彦、立花義裕、大河原一博。

イベント参加や力強いメッセージなどで応援してくださった満島ひかり、宮崎美子、ホラン千秋、さかなクン、俵万智、峰竜太、関根勤、三浦しをん、小堺一機、佐藤卓、林修、具志堅用高の各氏。

タイトなスケジュールの中、本書の編集でご活躍くださった講談社の家田有美子、山岸浩史。

そして最後に、私の家族たち、とくにいつも私を応援してくれ、本書の草稿にも目を通して意見をくれた妻へ、感謝の意を表します。

出口晶子『日本と周辺アジアの伝統的船舶』（1995年／文献出版）
出口晶子『丸木舟』（2001年／法政大学出版局）
ヒサクニヒコ『人類の歴史を作った船の本』（2016年／子どもの未来社）
フェイガン, ブライアン『海を渡った人類の遥かな歴史――名もなき古代の海洋民はいかに航海したのか』（2013年／河出書房新社〈東郷えりか・訳〉）
横田洋三『古代日本における帆走の可能性について』（2017年／科学 87:859-863）
劉烱錫・高清徳『東海岸阿美族竹筏漁労文化調査記録』（2005年／台東県南島社区大学発展協会）
DAVIDSON, D.S. 1935. The chronology of Australian watercraft. *The Journal of the Polynesian Society* 44:1-16. 69-84, 137-152, 193-207.
HORNELL, J. 1946. *Water Transport: Origins and Early Evolution*. Cambridge: Cambridge University Press.
JOHNSTONE, P. 1980. *The Sea-Craft of Prehistory*. Cambridge: Harvard University Press.
McGRAIL, S. 2001. *Boats of the World: from the Stone Age to Medieval Times*. Oxford: Oxford University Press.

【過去の実験航海】
内野加奈子『ホクレア　星が教えてくれる道』（2008年／小学館）
ヘイエルダール, トール『コン・ティキ号探検記』（2013年／河出文庫〈水口志計夫・訳〉）
角川春樹『翔べ怪鳥モア――野性号IIの冒険』（1979年／角川文庫）
毎日新聞社・編『竹筏ヤム号漂流記――ルーツをさぐって2300キロ』（1977年／毎日新聞社）
関野吉晴『海のグレートジャーニー』（2012年／クレヴィス）
BEDNARIK, R.G. 1998. An experiment in Pleistocene seafaring. *The International Journal of Nautical Archaeology* 27:139-149.
BEDNARIK, R.G. 1999. Nale Tasih 2: journey of a Middle Palaeolithic raft. *The International Journal of Nautical Archaeology* 28:25-33.

ズの現在 01：東アジア』（2005年／明石書店〈綾部恒雄（監）〉）
鍾明哲・楊智凱『台湾民族植物図鑑』（2012年／晨星出版）

【海・黒潮・気象】

柏野祐二『海の教科書――波の不思議から海洋大循環まで』（2016年／講談社ブルーバックス）
久保田好美『最終氷期の黒潮の復元』（2018年／科学 88:610-615）
花輪公雄『海洋の物理学（現代地球科学入門シリーズ）』（2017年／共立出版）
花輪公雄『黒潮：その成り立ち』（2018年／科学 88:588-597）
古川武彦・大木勇人『図解・気象学入門――原理からわかる雲・雨・気温・風・天気図』（2011年／講談社ブルーバックス）
横山祐典『地球 46 億年 気候大変動――炭素循環で読み解く、地球気候の過去・現在・未来』（2018年／講談社ブルーバックス）

【古代の舟】

大阪府立弥生文化博物館『弥生人の船』（2013年／大阪府立弥生文化博物館）
大林太良（編）『日本古代文化の探求　船』（1975年／社会思想社）
神奈川大学国際常民文化研究機構『国際常民文化研究叢書 5　環太平洋海域における伝統的造船技術の比較研究』（2014年／神奈川大学国際常民文化研究機構）
川崎晃稔『日本丸木舟の研究』（1991年／法政大学出版局）
ケントリー，エリック『「知」のビジュアル百科 43　船の百科』（2008年／あすなろ書房〈英国国立海事博物館・監修〉）
国分直一『台湾の民俗』（1968年／岩崎美術社）
後藤明『人類初期の舟技術――環太平洋地域を中心に』（2017年／科学 87:841-848）
小林謙一『縄文丸木舟研究の現状と課題』（2015年／中央大学人文科学研究所・編『島と港の歴史学』3-39, 中央大学出版部）
佐藤宏之『北方猟漁民が使っていた舟――北東アジア・台湾・北アメリカの例』（2017年／科学 87:870-874）
田口洋美『近現代における丸木舟製作とその利活用』（2017年／科学 87:864-869）
辻尾榮市『縄紋時代の丸木舟』（2017年／科学 87:855-858）

佐藤宏之『旧石器時代――日本文化のはじまり』（2019／敬文舎）
篠田謙一・安達登『白保竿根田原洞穴遺跡出土人骨のDNA分析』（2013年／白保竿根田原洞穴遺跡，沖縄県立埋蔵文化財センター調査報告書 65：219-228）
鈴木尚『骨から見た日本人のルーツ』（1983年／岩波新書）
土肥直美『沖縄骨語り――人類学が迫る沖縄人のルーツ』（2018年／新報新書）
藤田祐樹『南の島のよくカニ食う旧石器人』（2019年／岩波科学ライブラリー）
山崎真治『琉球列島の旧石器人と北上仮説』（2012年／九州旧石器 16:79-90）
山崎真治『島に生きた旧石器人――沖縄の洞穴遺跡と人骨化石（シリーズ「遺跡を学ぶ」）』（2015年／新泉社）
横山祐典・藤田祐樹・太田英利『見直される琉球列島の陸橋化』（2018年／科学 88:616-624）
FUJITA, M., et al. 2016. Advanced maritime adaptation in the western Pacific coastal region extends back to 35,000–30,000 years before present. *Proceedings of the National Academy of Sciences, USA*. 113:11184–11189.
IRYU, Y., et al. 2006. Introductory perspective on the COREF Project. *Island Arc* 15:393-406.
KAIFU, Y., FUJITA, M., YONEDA, M. & YAMASAKI, S. 2015. Pleistocene Seafaring and Colonization of the Ryukyu Islands, Southwestern Japan, in Y. KAIFU, M. IZUHO, T. GOEBEL, H. SATO & A. ONO (eds.) *Emergence and Diversity of Modern Human Behavior in Paleolithic Asia*: 345-361. College Station: Texas A&M University Press.
SATO, T., et al. 2014. Genome-wide SNP analysis reveals population structure and demographic history of the Ryukyu Islanders in the southern part of the Japanese Archipelago. *Molecular Biology and Evolution* 31: 2929-2940.

【台湾の自然と民族誌】

黄智慧『消滅危機に瀕する台湾の微小民族の苦境及びその支援と改善策の検討』（2019年／台湾原住民研究 23: 81-106）
周婉窈『増補版 図説 台湾の歴史』（2013年／平凡社〈濱島敦俊（監訳）〉）
末成道男・曽士才（編）『講座 世界の先住民族――ファースト・ピープル

（2010 年／青木書店）
工藤雄一郎 『旧石器・縄文時代の環境文化史』（2012 年／新泉社）
堤隆 『列島の考古学　旧石器時代』（2011 年／河出書房新社）
斎藤成也 『核 DNA 解析でたどる日本人の源流』（2017 年／河出書房新社）
佐藤宏之 『旧石器時代――日本文化のはじまり』（2019 年／敬文舎）
篠田謙一 『DNAで語る日本人起源論』（2015 年／岩波現代全書）
KANZAWA-KIRIYAMA, H., et al. 2019. Late Jomon male and female genome sequences from the Funadomari site in Hokkaido, Japan. *Anthropological Science* 127: 83-108.

【旧石器時代の渡海（日本と世界各地）】

池谷信之『黒曜石考古学――原産地推定が明らかにする社会構造とその変化』（2009 年／新泉社）
池谷信之 『世界最古の往復航海――後期旧石器時代初期に太平洋を越えて運ばれた神津島産黒曜石』（2017 年／科学 87:849-854）
小田静夫 『遥かなる海上の道――日本人の源流を探る黒潮文化の考古学』（2002 年／青春出版社）
小野林太郎 『海の人類史――東南アジア・オセアニア海域の考古学（増補改訂版）』（2018 年／雄山閣）
ANDERSON, A., BARRETT, J.H. & BOYLE, K.V. (editors) 2010. *The global origins and development of seafaring*. Cambridge: McDonald Institute for Archaeological Research.
KAIFU, Y., IZUHO, M. & GOEBEL, T. 2015. Modern human dispersal and behavior in Paleolithic Asia: Summary and discussion, in Y. KAIFU, M. IZUHO, T. GOEBEL, H. SATO & A. ONO (editors) *Emergence and Diversity of Modern Human Behavior in Paleolithic Asia*: 535-566. College Station: Texas A&M University Press.

【琉球列島の人類史・地史】

尾方隆幸・大坪誠 『琉球弧の地球科学的研究――断層と風化・侵食プロセスに関する研究の課題と展望』（2019 年／第四紀研究 58:377-395）
沖縄県立埋蔵文化財センター（編）『白保竿根田原洞穴遺跡　重要遺跡範囲確認調査報告書2 ――総括報告編』（2017 年／沖縄県立埋蔵文化財センター）
海部陽介 『日本人はどこから来たのか?』（2019 年／文春文庫）

参 考 文 献

【3万年前の航海 徹底再現プロジェクト】

海部陽介『人類最古段階の航海——その謎にどう迫るか?』（2017年／科学 87:836-840）

海部陽介『黒潮と対峙した3万年前の人類——航海プロジェクトから』（2018年／科学 88:604-610）

海部陽介『日本人はどこから来たのか?』（2019年／文春文庫）

KAIFU, Y. et al. 2019. Palaeolithic seafaring in East Asia: testing the bamboo raft hypothesis. *Antiquity* 93:1424-1441.

NORMILE, D. 2019. Update: Explorers successfully voyage to Japan in primitive boat in bid to unlock an ancient mystery. Available at：https://www.sciencemag.org/news/2019/07/explorers-voyage-japan-primitive-boat-hopes-unlocking-ancient-mystery

SERVICK, K. 2019. Paddlers to replicate ancient voyage. *Science* 365: 10-11.

3万年前プロジェクト公式ウェブサイト：https://www.kahaku.go.jp/research/activities/special/koukai/

3万年前プロジェクト公式フェイスブック：https://www.facebook.com/koukaiproject/

【人類進化とホモ・サピエンスの起源】

海部陽介『人類がたどってきた道——“文化の多様化”の起源を探る』（2005年／NHKブックス）

川端裕人『我々はなぜ我々だけなのか——アジアから消えた多様な「人類」たち』（2017年／講談社ブルーバックス〈海部陽介・監修〉）

国立科学博物館・毎日新聞社・TBSテレビ（編）『世界遺産 ラスコー展図録』（2016年／毎日新聞社・TBSテレビ）

ライク, デイヴィッド『交雑する人類——古代DNAが解き明かす新サピエンス史』（2018年／NHK出版〈日向やよい・訳〉）

ロバーツ, アリス（編著）『人類の進化　大図鑑』（2012年／河出書房新社〈馬場悠男・監修〉）

【日本の旧石器時代と人類史】

稲田孝司・佐藤宏之（編）『講座 日本の考古学1・2　旧石器時代（上・下）』

海部陽介（かいふ・ようすけ）

国立科学博物館　人類研究部 人類史研究グループ長

「3 万年前の航海 徹底再現プロジェクト」代表

人類進化学者。理学博士。1969 年、東京都生まれ。東京大学理学部卒業。東京大学大学院理学系研究科博士課程中退。化石などから約 200 万年におよぶアジアの人類史を研究している。クラウドファンディングを成功させ、最初の日本列島人の大航海を再現する「3 万年前の航海 徹底再現プロジェクト」（2016 ～ 2019 年）を実行した。ジャワ原人やフローレス原人の研究により、第9回（2012 年）日本学術振興会賞を受賞。そのほか、モンベル・チャレンジ・アワード（2016 年）、山縣勝見賞（2019 年）受賞など。著書に『日本人はどこから来たのか?』（文藝春秋、古代歴史文化賞受賞）、『人類がたどってきた道』（NHK ブックス）。監修書に『我々はなぜ我々だけなのか』（講談社ブルーバックス、科学ジャーナリスト賞・講談社科学出版賞受賞）などがある。

サピエンス日本《にほん》上陸《じょうりく》

3万年前《まんねんまえ》の大航海《だいこうかい》

2020 年 2 月 12 日　第 1 刷発行

著　者　海部陽介《かいふようすけ》

発行者　渡瀬昌彦

発行所　株式会社講談社

〒112-8001　東京都文京区音羽 2-12-21

電話　出版　03-5395-3524

販売　03-5395-4415

業務　03-5395-3615

印刷所　株式会社新藤慶昌堂

製本所　大口製本印刷株式会社

図版制作　さくら工芸社、海部陽介

カバー地図制作　アトリエ・プラン

ISBN978-4-06-518554-4

N.D.C.469.2 335p 19cm